BIBLIOTHÈQUE D'ÉDUCATION RÉCRÉATIVE

ANECDOTES

SUR LA

VIE DES ANIMAUX

COLLECTION PICARD

BIBLIOTHÈQUE D'ÉDUCATION RÉCRÉATIVE

ANECDOTES

SUR LA

VIE DES ANIMAUX

NOMBREUSES GRAVURES

PARIS

LIBRAIRIE PICARD-BERNHEIM ET Cⁱᵉ

ALCIDE PICARD ET KAAN, ÉDITEURS

11, RUE SOUFFLOT, 11

(Propriété réservée)

Tout exemplaire non revêtu de notre signature sera réputé contrefait.

A. Picard & Kaan

ANECDOTES
SUR LA VIE DES ANIMAUX

L'ANE ET LES CAROTTES

Sur les trois côtés de la cour d'une ferme, donnaient plusieurs croisées de différentes chambres. Le quatrième côté se composait d'une muraille percée d'une petite porte faite de planches de sapin. Cette porte se fermait au moyen d'un verrou placé assez haut à droite et ouvrait sur une ruelle qui conduisait à un jardin potager. Dans un coin de la cour on avait établi une espèce de hangar, où Jacques, un beau jeune âne, passait la nuit et tout le temps qu'il n'était pas occupé comme bête de somme.

Un jour d'automne, la petite Lucile, la fille du fermier, tomba malade. Elle avait la rougeole. Le médecin conservait peu d'espoir de la sauver et passait la nuit à la ferme, afin de mieux soigner la petite fille. Le matin il observa qu'elle dormait tranquillement et respirait sans difficulté.

— Elle peut guérir, dit joyeusement le médecin. Maintenant, je vais vous quitter, mais je reviendrai voir l'enfant ce soir.

Le fermier descendit l'escalier avec le médecin pour lui donner son cheval. En passant par la cour pour aller aux écuries, il fut étonné de voir la porte toute grande ouverte et le hangar de Jacques désert. Intrigué de ces circonstances, il va dans la ruelle, et sa surprise fut grande en voyant Jacques, se soutenant sur ses pieds de derrière, en train d'ouvrir avec ses dents le verrou de la porte du jardin potager. Cela fait, Jacques saisit une grosse et belle botte de carottes qu'il trouva dans le jardin. Puis il ferma la porte, se dirigea au plus vite chez lui, déposa ses carottes dans son râtelier, poussa le verrou de la porte

Jacques, sur ses pieds de derrière, essayait d'ouvrir avec ses dents.

et se mit à manger son souper volé si adroitement.

Le soir, le fermier pria le médecin de faire le
guet avec lui pour surprendre le manège de l'âne.
Le jardinier, qui avait vu les traces des petits sabots de Jacques dans le jardin, était de la partie.
La première chose que Jacques fit fut d'ouvrir à
l'aide de ses dents le verrou de la porte de la
cour, ce qui lui permit de sortir dans la ruelle.
Puis il courut au grand galop au jardin potager,
dont il ouvrit la porte de la même manière; dirigé
par l'odorat, il trouvait facilement les carottes,
et nous avons vu comment il les rapportait chez
lui.

— Il paraît que maître Jacques est rusé et intelligent, dit le médecin. Avec votre permission,
je ferai imprimer dans un journal le récit de ce
que nous venons de voir et j'y ajouterai quelques
mots touchant une bonne vieille ânesse qui s'appelait Pedrette.

Après des années de service au marché, où
elle se rendait chargée de deux grands paniers,

Pedrette fut employée comme bonne d'enfants à la garde des jeunes poulains d'un institut agricole. A l'heure où les juments devaient se rendre au travail des champs et quitter leurs poulains, Pedrette accourait faire sa ronde aux portes des écuries et rassemblait le petit troupeau et le conduisait à la prairie. Là elle les surveillait avec une bonté admirable, prévenait les querelles, reprenait les turbulents, secourait les faibles.

Au soleil couchant, le garçon d'écurie tardait-il à se présenter, Pedrette l'appelait en faisant hi! han! ce qui voulait dire dans son langage :

— Eh bien! dépêchons-nous! nous vous attendons!

LA VACHE ET L'ENFANT

Qu'il est agréable de voir la vache brouter le gazon au milieu du calme qui l'entoure! Une bonne vache paissait tranquillement dans une

La vache transporta l'enfant au milieu du chemin.

prairie. Elle n'avait l'intention de faire de mal à qui que ce fût et paraissait uniquement occupée à manger la luzerne et le trèfle à fleurs blanches et pourpres poussant à ses pieds, et dont elle était très friande.

On avait par mégarde laissé la barrière de l'enclos ouverte. Un petit gamin de six ans aperçut l'animal et se dépêcha d'entrer dans la prairie. Il n'était pas méchant, non, mais il était espiègle et taquin. Pour s'amuser il se mit à jeter des pierres à la tête de la vache.

La pauvre bête endurait le mauvais traitement sans se venger. Pourtant cette taquincrie trop prolongée finit par l'ennuyer.

— Si c'était un chien qui se permît de me tourmenter ainsi, pensa la bonne bête, je le lancerais en un clin d'œil bien loin avec mes cornes, ou je l'écraserais sous mes pieds de devant. Mais cette faible petite créature pourrait bien appartenir à ma maîtresse, qui a soigné avec tant de bonté mon fils aîné, le beau veau rouge qui faillit mourir de la fièvre. Je dois donc montrer de la patience. Ma seule vengeance sera de le poser gentiment au milieu du chemin.

Aussitôt, avec la pointe de sa corne, la vache accroche la blouse de l'enfant et le transporte hors de la prairie. Le petit avait grand'peur.

— Non, mère, dit-il en rentrant chez ses parents, je n'attaquerai plus jamais un animal, et me rappellerai toujours cette bonne vache si douce.

Ainsi la leçon ne fut pas perdue pour lui.

LE CHEVAL BUCÉPHALE

Dans l'histoire ancienne nous lisons qu'un homme de Thessalie amena un jour à Philippe, roi de Macédoine, un cheval qu'il voulait lui vendre. On le conduisit dans une plaine pour l'examiner et voir à quel usage on pouvait l'employer; mais il était tellement farouche et il avait l'air si méchant que personne n'osa l'approcher. Le roi donnait l'ordre de l'emmener, lorsque son fils

Alexandre, âgé de quinze ans environ, s'écria tout à coup :

— Il ne faut pas renoncer à acquérir ce bel animal parce qu'on ne sait pas comment s'y prendre pour le monter.

Philippe, un peu blessé du langage du jeune homme, lui permit cependant de l'essayer.

Alexandre avait remarqué que le cheval était ombrageux. Sans expliquer sa pensée, il fit placer l'animal en face du soleil. Alors il le flatta doucement de la voix, le caressa de la main et s'élança tout à coup sur son dos, lui tenant la bride serrée sans le frapper. Peu à peu, le cheval commença à se calmer, et bientôt Alexandre put le lancer à toute bride.

Le roi fut d'abord saisi de frayeur; puis, voyant son fils revenir tranquillement sur son beau coursier apaisé, il lui dit :

— Mon fils, cherchez un autre royaume qui soit digne de vous; la Macédoine ne pourra jamais vous suffire!

LE PONEY DE SHETLAND

Une très petite espèce de cheval habite les îles du nord de l'Écosse et s'appelle le Poney de Shetland. Sa hauteur dépasse rarement trois pieds, et le plus souvent elle n'atteint que deux pieds et demi. Mais cette créature est très bien formée et extrêmement robuste. La beauté de cet animal nain, sa docilité, son intelligence sont à vrai dire surprenantes. Il mène une vie indépendante dans son pays natal, où il court et folâtre en pleine liberté, entouré de camarades aussi gais et aussi libres que lui.

Le propriétaire d'un troupeau de ces jolies bêtes ne s'en occupe que lorsqu'il a besoin de les employer ou veut les vendre. Dans ce cas, il va en chercher quelques-uns, les élève et les soigne. Rien de plus élégant que ces poneys bien dressés et attelés à de petites voitures. On les nourrit facilement et ils ne tardent pas à engraisser.

Un Anglais, qui avait reçu en cadeau un de ces poneys, était embarrassé pour le transporter chez lui, car sa maison se trouvait un peu éloignée.

— Pourquoi ne pas le prendre avec vous dans votre voiture? lui dit un ami.

Aussitôt, et sans la moindre difficulté, on établit le poney au fond du cabriolet, et, afin de le faire rester tranquille, on lui donna de temps en temps un morceau de pain.

*
* *

A Londres, un laitier possédait un poney de Shetland, qu'il appelait Jerry. Jerry était aimé de tout le quartier à cause des services qu'il rendait tous les jours à son maître. Le matin il tirait une charrette remplie de boîtes au lait. Quand le conducteur désirait parler à une pratique, il n'avait qu'à dire à la bonne bête: Allez, Jerry! et elle continuait son chemin en s'arrêtant devant chaque maison où l'on attendait du lait. Si, par hasard, il n'y avait personne pour le recevoir, Jerry se tournait vers la porte et, à l'aide de son nez, levait et laissait retomber le marteau.

*
* *

Dans les pays du nord de l'Europe, tels que l'Islande, la Laponie, la Norvège, où les neiges, le vent glacial et la gelée dominent, les chevaux ne sont pas grands, mais ils sont vifs et très dociles.

Pendant l'été ils courent en plein air dans les montagnes et pourvoient eux-mêmes à leur subsistance. Quelquefois ils mangent les touffes du lichen de renne, qui pendent comme des barbes aux branches d'arbres, et les morceaux de bois sur lesquels on a fait sécher des poissons. En hiver on les nourrit souvent de débris de poissons cuits. Ces pauvres bêtes sont obligées de se contenter de peu. Elles ne vont travailler dans les fermes de leurs maîtres que lorsqu'on vient les chercher.

LE CHEVAL AU CAFÉ

Un palefrenier, monté sur le cheval de son maître, passait par hasard devant un café de Paris. Il s'aperçut qu'un de ses amis venait d'entrer dans cet établissement, et l'idée lui prit de le suivre. Pour cela il mit pied à terre et laissa seul devant la porte de la maison son cheval, dont il connaissait la docilité et l'intelligence.

Bientôt le cheval commença à s'ennuyer de son isolement. Il regarda dans le café et reconnut dans une salle éloignée le camarade du palefrenier de son maître. Ce jeune homme, ayant vu le cheval, lui présenta un morceau de sucre d'une main, tandis que de l'autre il lui fit signe de s'approcher.

Le cheval n'hésita pas. Tout à coup les consommateurs et les fumeurs entendirent un bruit de sabots frappant le parquet et virent l'animal, que l'on croyait à la porte, s'avancer au milieu d'eux.

La dame du comptoir, fort effrayée de cette apparition subite, pria les personnes de faire sortir l'animal au plus vite. Mais celui-ci s'obstinait à rester à cause du sucre qu'on lui donnait de tous côtés. Enfin, on lui tendit des morceaux de plus en plus près de la porte, et, de cette manière, on parvint à le conduire dans la rue.

L'ARAIGNÉE ET LE SCARABÉE

Dans un jardin, à l'angle d'un mur, une araignée fit une grande toile où elle attrapait force mouches et moustiques. Un jour on remarqua qu'elle travaillait à sa toile pour la fortifier et lui permettre de supporter le poids d'un scarabée qui venait d'arriver tout près d'elle.

Elle commença l'attaque en entortillant de ses fils les deux pattes de derrière de l'insecte. Le scarabée, mécontent de se voir privé de l'usage de ses membres, regarda l'araignée avec colère et lui dit :

— Madame, voulez-vous m'expliquer, s'il vous plaît, d'où viennent les fils qui entravent mes mouvements? Ils ressemblent beaucoup aux fils dont se compose votre toile là-haut.

— Mais, mon beau monsieur, répondit-elle, tout le monde admire la finesse de ma toile. Comment des fils si minces, si légers, peuvent-ils vous faire du mal?

Le scarabée vit qu'elle mentait et se décida à s'éloigner au plus vite. En se retournant pour partir, il se débarrassa des fils qui le gênaient, et déchira la toile en même temps. Néanmoins, malgré son expérience, il revint bientôt.

Pendant la courte absence de l'insecte, l'araignée se dépêcha de raccommoder sa toile. Puis, au retour de sa victime, elle se jeta sur son dos, dans l'intention de lui enlacer les pattes avec ses fils; mais, se rappelant que ce procédé ne lui avait pas réussi, elle changea immédiatement de tactique. Afin de fixer l'attention du scarabée sur elle,

elle se mit à grimper, à grimper sur la surface d'un mur accidenté.

Le scarabée ne comprit pas que cette ascension cachait un piège. Il crut bonnement que l'araignée l'invitait poliment à venir chez elle; il n'hésita pas à la suivre.

Bientôt les deux grimpeurs arrivèrent un peu au-dessus de la toile. Soudain, l'araignée se précipite sur le dos de son compagnon, et les deux insectes tombent ensemble au milieu de la toile tendue.

Le pauvre scarabée se trouva pris. Avec ses faibles pattes, il ne pouvait se tenir debout sur la toile, qui cédait sous lui et l'empêchait de bouger. Il comprit trop tard qu'il ne lui restait aucun espoir.

— Ah! pensa-t-il, il vaut mieux être le trompé que le trompeur; mourir est préférable à mentir. Dans cette dernière épreuve, voilà ma consolation.

LES

DEUX CHEVAUX ET LA GLACE

On avait envoyé boire deux chevaux de charrue à la rivière, mais ils la trouvèrent gelée. Un de ces chevaux frappa la glace avec son pied afin de la casser. Elle ne céda pas, car elle était trop épaisse et trop dure. Alors les deux chevaux imaginèrent de lever, l'un le pied droit et l'autre le pied gauche, de faire retomber leurs sabots en même temps et de doubler ainsi la force du choc pour rompre l'obstacle. En effet, la glace fut bientôt brisée et les intelligents animaux, ainsi que leurs camarades, purent se désaltérer à leur aise.

*
* *

Le cheval n'est pas égoïste. Il aime à obliger son maître et les autres chevaux qui ont besoin de soins. Un fermier, demeurant à Lille, possédait un cheval dont les dents étaient tellement usées qu'il ne pouvait plus mâcher le foin, ni broyer l'avoine. Deux chevaux, qui se trouvaient dans la même écurie, le prirent en pitié et se chargèrent de le nourrir.

Ces deux bonnes bêtes compatissantes prenaient du foin au râtelier, le mâchaient sans l'avaler, puis le jetaient devant leur ami infirme. Elles broyaient bien ensuite l'avoine et la plaçaient également à à sa portée. Plusieurs personnes ont été témoins de cet acte de dévouement.

*
* *

Dans un pays très pauvre de la Savoie, un médecin, qui habitait une petite ville, avait dressé son cheval, nommé Bijou, à lui servir de commissionnaire. Tous les matins, monté sur le dos de Bijou, ce médecin parcourait les campagnes voisines et visitait ses malades à la ronde. Après bien des fatigues et de longues courses, il rentrait au logis pour manger et se reposer.

Plus tard, le bon cheval se mettait de nouveau

Grâce à l'intelligence de ces deux chevaux,
la glace fut bientôt rompue.

en route, mais cette fois il allait tout seul, portant sur son dos un panier où étaient rangés de petits paquets et des fioles étiquetés par le médecin. Doué d'une excellente mémoire, le fidèle animal recommençait la tournée des visites de son maître avec autant d'exactitude qu'il l'avait fait le matin, allant de porte en porte et s'arrêtant devant chaque maison sans en oublier une seule. Chacun retirait ses médicaments du panier et caressait Bijou, qui connaissait personnellement tous les clients de son maître.

* *
*

Les allures naturelles du cheval sont le pas, le trot et le galop. On l'habitue à un quatrième pas, l'amble, qui est aussi rapide que le trot. Ordinairement le cheval commence sa course en avançant le pied droit. Dans notre image on remarque que l'un des chevaux représentés a le pied gauche levé. Tous deux comprenaient instinctivement la nécessité d'unir leurs forces afin de casser la glace plus sûrement.

Quand on veut dresser un cheval à faire une chose contraire à ses habitudes, il ne faut jamais employer les coups, les privations, la souffrance; au contraire, on doit le bien traiter. Si l'on veut lui faire lever le pied, on caresse ce pied. A-t-on à lui reprocher son impatience ou sa désobéissance, ce doit être sans violence et sans dureté. On lui offre de l'avoine, et pendant qu'il la mange, on essaye de lui lever le pied. S'y oppose-t-il, on lui enlève l'avoine. Paraît-il la désirer, on la lui rend et l'on essaye encore de lui lever le pied, et ainsi de suite. Dès qu'il montre de la bonne volonté, on lui donne quelque friandise pour l'encourager. C'est ainsi qu'on parvient à dresser toute espèce de chevaux, qui, de même que les enfants, ont leurs bonnes et mauvaises qualités.

LES ABEILLES

OU LES MOUCHES A MIEL

Ordinairement une ruche contient quinze mille abeilles, toujours en mouvement, toujours occupées. Malgré cette excessive activité, l'ordre le plus parfait règne dans l'habitation. Chaque ouvrière connaît exactement sa place et son devoir.

Aussitôt qu'un essaim trouve une ruche qui lui plaît, le premier soin des abeilles est d'en boucher toutes les ouvertures avec une espèce de cire ou gomme résineuse qu'elles tirent des jeunes bourgeons de peupliers et d'autres arbres. Ensuite elles construisent des gâteaux de cire composés, chacun, de deux rangées de cellules hexagonales, dont les fonds sont placés au milieu du gâteau. Ces gâteaux sont posés les uns sur les autres, et l'on remarque entre eux des chemins assez larges pour que deux abeilles puissent passer. Certaines cellules servent à conserver le miel, les autres à recevoir les œufs.

A sa sortie de l'œuf, le jeune insecte n'est qu'une espèce de ver ou larve, rayée de bandes circulaires. Ces larves sont nourries par des abeilles qui leur prodiguent les soins d'une mère nourrice. Elles grossissent très rapidement et restent dans la cellule où elles sont écloses. A l'âge de six jours, le ver file une coque dont la soie est appliquée sur les parois de sa chambre. Ce travail l'occupe pendant trente-six heures. Trois jours après, la larve change de forme et devient ce qu'on appelle nymphe. Enfin, le huitième jour, une abeille agile brise la porte de cire fabriquée par sa nourrice et qui fermait sa cellule. Alors commence pour l'insecte une vie de travail et de bonheur.

Comme les abeilles sont constamment occupées à remplir leurs devoirs, on peut les croire heureuses et contentes. Dès le matin, les unes se mettent à la recherche du miel dans les champs et les jardins. Elles se roulent dans la corolle des fleurs, où la poussière jaune qui sort des anthères s'attache à leurs corps velus. Elles pompent le nectar, ce liquide sucré qui se trouve au fond de la fleur, et le transportent, goutte à goutte, à la ruche. Là elles le dégorgent en portion dans les cellules en le travaillant avec leurs pattes.

Mais les abeilles qui restent dans la ruche ne sont pas oisives. Soigner les œufs, nourrir les larves, nettoyer les cellules, construire les gâteaux, fermer d'une couche mince de cire les cellules remplies de miel, afin d'empêcher l'air d'y pénétrer, soigner la reine avec tendresse et affection : voilà de quoi s'occuper suffisamment à la maison.

La reine est plus grande et plus grosse que ses compagnes. Elle seule pond les œufs. Les abeilles travailleuses la suivent, la caressent, lui obéissent et lui donnent le miel le plus pur, le plus délicat. C'est elle qui inspire le courage, la patience, la gaieté à tous les habitants de la ruche.

Vient-elle à mourir, le silence succède au bruit. Les travaux cessent, le deuil est général. Bientôt les nourrices s'empressent d'élargir les cellules des larves qui n'ont que trois jours. Elles leur donnent beaucoup de nourriture, afin de hâter leur croissance. Puis, parmi les plus fortes des jeunes abeilles, une nouvelle reine est choisie, et l'ordre et l'activité renaissent à l'instant dans le royaume ailé.

L'INTELLIGENCE DES FOURMIS

M. Saladin raconte que, dans la maison qu'il habitait à Alger, demeurait une bonne femme qui possédait un chardonneret.

— Cet oiseau, dit-il, chante à tue-tête du matin au soir dans une cage suspendue à l'ombre des grands arbres d'un jardin. Un jour je vis entrer chez moi ma voisine avec la mine triste.

— Qu'est-il arrivé au chardonneret? lui dis-je. Je parie que c'est de lui que vous venez me parler.

— Oui, Monsieur, me répondit-elle, la pauvre bête dépérit de plus en plus, bien qu'elle mange comme un petit ogre. Deux mangeoires de graines dans une matinée!

Je voulus me rendre compte de ce fait, et je me mis en embuscade. Je vis l'oiseau d'abord picoter de son mieux, puis se mettre à sauter çà et là en frappant l'air de ses ailes.

Je m'approchai, et j'aperçus des centaines de fourmis qui avaient envahi la cage. Chacune s'emparait d'un grain de la mangeoire et s'en allait à la fourmilière. Cela dura jusqu'au dernier grain. Avec son bec, l'oiseau broyait quelques fourmis et les rejetait hors de sa cage, mais rien n'arrêtait les intrépides.

Je rapportai la cage et l'oiseau à ma voisine en l'assurant que j'allais mettre un terme au pillage de ces vilaines bêtes.

Pour cela, je fis fondre un morceau de poix et j'en appliquai une bande autour de l'arbre auquel était suspendue la cage. Fier de mon invention, je me cachai de nouveau pour voir l'embarras des fourmis en rencontrant cette barrière gluante. Quelques-unes seulement posèrent leurs pattes sur la poix et ne parvinrent pas à se détacher; mais, quand les autres virent cela, elles rebroussèrent chemin.

Bientôt elles revinrent, portant chacune dans ses pinces une parcelle de terre qu'elles posaient sur la poix, puis elles retournèrent chercher de nouvelle terre. Au bout d'une heure de travail, la bande de poix était recouverte de matières solides. Alors les fourmis pénétrèrent dans la cage et la dévalisèrent.

Pour protéger le chardonneret contre ses ennemis, je fabriquai une sorte de trépied que je mis dans un plat rempli d'eau, et, à ce trépied, je suspendis la cage. Cette fois, les fourmis s'étant présentées comme d'habitude, plusieurs périrent sur le bord du plat. Toute la journée elles tournèrent en tous sens pour découvrir un passage, mais sans y parvenir. Je crus avoir réussi.

Le lendemain, je plaçai la cage comme la veille et j'attendis. Aussitôt qu'elles virent leur proie, elles accoururent, chacune apportant un morceau de feuille morte ou un fragment de bois desséché. Elles se penchaient sur l'eau, lâchaient ce qu'elles tenaient dans leurs pinces et retournaient chercher d'autres matériaux.

Ce travail fut long et pénible; mais, vers midi, la surface de l'eau était couverte de matières flottantes, et l'armée entière des fourmis passait dessus comme sur un radeau.

LA FIDÉLITÉ DU CHEVAL

Dans une des insurrections du Tyrol contre la Bavière, quelques insurgés s'emparèrent de quinze chevaux appartenant à un régiment bavarois.

Dans une rencontre avec un escadron du

même régiment, ces quinze chevaux s'échappè-
rent au grand galop et allèrent rejoindre leurs
anciens maîtres. Les Tyroliens, malgré tous
leurs efforts, ne purent les arrêter, et, s'étant
avancés jusqu'aux lignes des Bavarois, furent
immédiatement faits prisonniers.

*
* *

Un bon cheval se montre toujours affectueux
pour ses camarades. Une fois, un pauvre cheval
aveugle était entré dans une rivière où il avait
perdu pied. Il nageait sans avancer ni reculer et
sans être aperçu de qui que ce fût, lorsqu'un
autre cheval qui se trouvait sur la berge, l'ayant
vu, se mit à hennir. Il paraît que le pauvre
animal aveugle ne l'entendit pas, car il ne se
tourna pas du côté des hennissements qui l'aver-
tissaient.

Alors le cheval qui était sur la berge s'élança
dans la rivière. Arrivé tout près du malheureux
aveugle, il le saisit avec ses dents par la crinière
et l'amena sain et sauf à terre.

Le cheval traverse les passages les plus dangereux.

Les personnes qui étaient sur la berge, enchan-
tées de ce dévouement, applaudirent le cheval
sauveteur.

****

En Suisse et dans les autres pays montagneux,
les chevaux transportent les voyageurs et la poste
aux lettres en traversant les passages les plus dangereux des Alpes. Pendant l'hiver toutes les routes
sont couvertes de plusieurs pieds de neige, et l'on
suit des chemins formant des espèces de zigzags
assez courts.

Chaque voyageur occupe seul un petit traîneau
conduit par un postillon, mais c'est le cheval qui
vraiment dirige le traîneau, en le tirant tantôt à
droite, tantôt à gauche. Sans le courage et la patience, et surtout sans la fidélité d'un bon-cheval,
il serait impossible à l'homme de parcourir seul
ces dangereux passages.

L'instinct pousse le cheval à éviter les obstacles,
aussi doit-on toujours laisser au cheval la liberté
de choisir son chemin. Si son cavalier est exposé

au danger d'être noyé, son fidèle cheval fait tous ses efforts pour le sauver; si son pied se trouve pris dans l'étrier, le cheval ralentit son pas comme pour lui permettre de le dégager. Il est pour son maître un véritable ami et mérite tous les soins qu'on prend pour rendre son sort heureux.

LE COCHON D'INDE

On rencontre souvent dans les rues de jeunes Savoyards allant montrer de ville en ville, dans une boîte grillée, un cochon d'Inde, une marmotte, un porc-épic ou quelque autre petite bête facile à apprivoiser.

Le cochon d'Inde ressemble à la fois au lapin et à la souris. Il mange des feuilles, des racines, des graines et du pain avec le plaisir qu'il aurait manifesté en dévorant une touffe de serpolet ou de thym. Il aime le lait par-dessus tout, mais, pourvu qu'on lui donne une nourriture suffisante et variée, il n'est pas trop difficile.

Pour prendre son repas, il s'assied ordinairement sur ses pattes de derrière, et avec ses pattes de devant porte gentiment sa nourriture à la bouche. Sa robe est blanche, mouchetée irrégulièrement de noir et de jaune roux. Ce petit animal est très propre, et si la mère trouve qu'un de ses enfants a sali sa fourrure, elle le chasse loin d'elle.

Les cochons d'Inde naissent avec les yeux ouverts. Au bout de quelques heures, ils courent avec leur mère et commencent à partager ses repas. La mère leur témoigne beaucoup de tendresse et les conduit tous les jours à la pâture. Les enfants vivent toujours en bonne intelligence. Ils se peignent l'un l'autre avec leurs pattes de devant et se caressent. Pendant que l'un dort, l'autre veille. Lorsqu'il en est temps, il réveille son frère en le secouant doucement, et dès que celui-ci ouvre les yeux, l'autre se couche et s'endort à son tour.

Le cochon d'Inde se trouve aux Antilles et aussi sur la côte de Guinée, d'où vient que les Anglais le nomment *Guinea Pig*. Son cri est une sorte de grognement assez semblable à celui du cochon; cette ressemblance lui a valu le nom qu'il porte.

LE CRAPAUD APPRIVOISÉ

Bien qu'un crapaud ne soit pas d'une beauté attrayante, ses grands yeux, qui brillent comme des diamants, sont remplis de douceur et d'intelligence. Quelques personnes croient que la morsure de ces animaux est venimeuse; mais ils n'ont pas de dents.

En Angleterre les jardiniers achètent des crapauds auxquels ils donnent un abri. Le soir, et par les temps humides, ces bêtes utiles commencent là chasse aux limaçons et ne cessent leurs poursuites qu'au lever du soleil. Elles protègent ainsi les jeunes plants de salade, les légumes et les belles fleurs que les limaçons dévorent en grande quantité.

* *
*

Un militaire retraité avait apprivoisé un crapaud qu'il appelait Jacques. Tous les jours Jacques venait dîner chez son patron. Si, par hasard, il se faisait attendre, le militaire n'avait qu'à ouvrir la porte de là salle à manger donnant sur le jardin et à crier :

— Jacques, mon ami! vite, vite, la soupe est servie.

Alors le crapaud ne tardait pas à arriver en sautillant et se plaçait près de la table.

Au bout de vingt ans environ, le militaire renvoya son jardinier. Il oublia d'avertir son nouveau serviteur qu'il eût à respecter Jacques. Malheureusement cet homme avait peur des crapauds, et la première fois qu'il vit le pauvre Jacques s'avancer vers lui, il le tua d'un seul coup de bêche.

*
* *

Au nord de l'Angleterre il y avait un crapaud qui vécut trente-six ans dans une maison habitée par une nombreuse famille. Il arrivait dans la salle à manger toujours aux heures des repas, et comme on ne lui avait jamais fait de mal, il se laissait prendre par les enfants, qui le posaient sur la table. On l'appelait Joseph, et il ne manquait jamais de répondre à l'appel. Avait-on l'air de l'oublier, il poussait un petit coassement plaintif, comme pour dire :

— Mes amis, je suis ici ! Pensez un peu à moi !

Ce crapaud aurait vécu plus longtemps peut-être, si un gros corbeau ne l'eût tué.

*
* *

En Amérique, une dame, qui jouait du piano tous les jours après son dîner, remarqua un crapaud qui entrait dans son salon toutes les fois qu'elle faisait de la musique. Il se plaçait tout près de l'instrument et ne bougeait pas tant que celui-ci résonnait. La musique finie, il retournait tranquillement au jardin.

*
* *

Le crapaud témoigne de la reconnaissance à ceux qui lui rendent service. Un voyageur en Sicile avait trouvé sur son chemin un serpent en train de dévorer un crapaud. Il tua le serpent, et le crapaud s'éloigna.

Six jours plus tard le voyageur repassait par ce même chemin. Quelque chose lui sauta aux jambes. C'était son crapaud, qui voulait lui exprimer sa joie de le revoir.

— Mais comment savez-vous que c'était votre crapaud? lui demanda un ami.

— Ses mouvements étaient si affectueux, répondit le voyageur, qu'il est impossible que je me sois trompé.

MÉDOR

LE CHIEN DU DÉCROTTEUR

Un pauvre Savoyard, n'ayant pour tout métier que celui de nettoyer les chaussures des passants, s'était établi à la porte d'une grande maison de Paris.

Il possédait un joli caniche qu'il avait dressé à lui amener des pratiques. Ce chien, après s'être crotté les pattes dans le ruisseau, les posait, en courant et en sautant dans la rue, adroitement et comme par hasard, sur les chaussures bien cirées des passants dont la toilette lui paraissait la plus soignée.

Force leur fut de recourir à son maître pour réparer le dommage.

Un Anglais, dont les bottes avaient été toutes salies par Médor, s'en vint vers le décrotteur, et, pendant qu'on le nettoyait, Médor reprit sa place habituelle.

— Ah! te voilà! s'écria l'Anglais en levant sa canne pour frapper le chien; je te reconnais bien, c'est toi qui m'as mis dans cet état.

Alors le décrotteur en riant lui fit l'aveu de sa ruse. La colère fit place à l'étonnement et à l'admiration dans le cœur de l'étranger. Médor avait d'autres talents dont il donna des preuves sur-le-champ, et l'Anglais, émerveillé de son adresse, voulut l'acheter à son maître.

—Mon pauvre Médor! lui répond le Savoyard, mon ami, mon gagne-pain! non, non, Monsieur, jamais je ne m'en séparerai.

Cependant l'Anglais double la somme qu'il avait d'abord offerte; il la triple, puis il offre dix fois plus. Le Savoyard cède.

— Allons, c'en est fait, s'écria-t-il. Donnez votre

argent, Monsieur, et prenez vite mon chien. N'attendez pas, car si je le vois plus longtemps, je ne m'en priverai à aucun prix.

L'Anglais emmène son chien à Londres, où il se faisait une fête de montrer le savoir-faire de Médor. Mais la pauvre bête, depuis qu'elle avait quitté le Savoyard, était triste et abattue.

En vain son nouveau maître l'excite. Médor semblait avoir laissé toute sa science à Paris. Il a oublié l'exercice, il ne veut plus se tenir debout, il ne fait plus le mort, n'obéit plus, reste la tête penchée vers la terre comme absorbé dans sa tristesse. Ni les soins affectueux, ni une nourriture abondante, ni les caresses de tous les gens de la maison ne pouvaient bannir le souvenir du pauvre Savoyard. Médor serait mort de chagrin, si un beau jour il n'eût trouvé la porte ouverte. Il s'échappa.

De son côté, le décrotteur était fort affligé. Chaque jour il regrettait de plus en plus son fidèle Médor. Déjà quatre mois s'étaient écoulés et il songeait toujours à son vieil ami. Un matin, assis sur son petit coffre, il attendait de l'ouvrage, lorsqu'un chien accourt, se précipite sur lui, jetant des cris étouffés, l'accablant des plus vives caresses. C'était Médor, maigre, décharné, couvert de poussière. Il eut bien de la peine à le reconnaître.

Il paraît que le bon caniche, une fois sorti de chez son maître à Londres, avait repris le chemin de Douvres, s'était caché dans le coin du bateau à vapeur qui l'avait amené et qui retournait à Calais.

L'honnête Savoyard se crut obligé d'écrire à l'Anglais pour lui annoncer le retour de son Médor et pour le prévenir qu'il était prêt à lui rembourser le prix de son acquisition. Mais l'Anglais, touché de cette preuve de fidélité du chien envers son pauvre maître, loin de réclamer la première somme qu'il avait déboursée, en envoya une seconde aussi forte pour récompenser la loyauté du décrotteur.

MINETTE A GRAND'FAIM

Oui, je suis gentille et jolie. Ma robe est blanche comme la neige, mes yeux sont d'un beau vert qui n'est pas encore très prononcé, ma petite figure enfantine est pleine de malice. Me rouler près du feu, laper du lait et puis m'endormir, voilà mon bonheur et ma vie!

A l'âge d'environ trois mois, je fus envoyée en cadeau, de Paris à Nantes, à une famille amie. Pendant le voyage je n'avais rien mangé, et naturellement j'avais grand'faim. En arrivant, on me posa par terre dans la salle à manger, où deux domestiques s'occupaient à mettre le couvert. Ils ne comprirent pas les petits miaulements plaintifs avec lesquels je demandais à boire. Je sautai alors sur une table où j'aperçus des plats de bonne mine. Je m'assis au milieu d'un gâteau et me mis à lécher un pâté d'un goût délicieux. Bientôt le monde entra pour déjeuner.

Minette se mit à lécher un pâté d'un goût délicieux.

—D'où vient cette horreur de chat planté sur les mets qu'on va nous servir? Envoyez-le à l'écurie tout de suite, dit une dame en colère.

— Mais la pauvre petite bête mourra de froid là-bas, répondit mon nouveau maître. Je vais la poser devant le feu dans la bibliothèque, et Julie lui apportera du lait.

Il me prit doucement dans ses mains et me plaça sur un tapis épais, et une jeune fille, Julie, m'offrit une soucoupe de lait chaud dont la vapeur avait pour moi un charme irrésistible. Je lapai ce bon lait, j'enfonçai mes griffes dans le tapis, me figurant presque que c'était la fourrure de ma mère, et je m'endormis bientôt.

Mon maître passe une partie de la journée dans cette chambre confortable. Quand il est là, je me couche à ses pieds ou je grimpe sur le dossier de son fauteuil pour jouer avec ses cheveux. Souvent, assise là-haut, je fais un petit ronron qu'il appelle la chanson de sa chère Minette. Il y a toujours une tasse de lait pour moi au coin du feu. Souvent j'y pose mes pattes de devant, tant je me presse de l'avaler. Un jour je renversai tout le lait dans une des pantoufles de mon maître; il en fut si mécontent qu'il prit l'autre pantoufle et m'en donna des coups. Certes je les méritais.

Comme tout le monde, j'ai aussi mes petits chagrins. Si mon maître sort de bonne heure et ne rentre que tard, la bibliothèque reste fermée. Dans ce cas, je vais me chauffer à la cuisine, mais la cuisinière me chasse toujours du foyer à cause d'un régiment de casseroles dont elle se sert pour préparer le dîner. Désorientée et frileuse, j'erre dans les corridors du sous-sol. Un jour je sautai sur une table placée contre le mur et près de la cuisine. En regardant autour de moi, j'aperçus plusieurs clochettes rangées sur une ligne au-dessus de ma tête. Soudain, la première clochette sonna et continua à vibrer pendant quelques secondes. Vite un domestique accourut pour voir laquelle des clochettes sonnait.

— Mon maître est de retour, s'écria-t-il. Je vais arranger son feu.

Je montai l'escalier derrière lui et j'entrai dans

la bibliothèque aussitôt qu'il en ouvrit la porte.

Cette vibration de la clochette, suivie d'un résultat si heureux, me donna beaucoup à réfléchir. La prochaine fois que mon maître sortit le matin, j'allai me poser sur ma table en bas; je me dressai contre le mur en m'y appuyant d'une patte et avec l'autre je tapai sur la première clochette. Comme auparavant, le domestique vint regarder, et moi, je me glissai entre ses jambes dans la bibliothèque.

Mon stratagème répété éveilla les soupçons du domestique. Il me guetta et fut si surpris de ma ruse qu'il en parla à son maître, qui a raconté cette histoire.

LE CHIEN A LA JAMBE DE BOIS

Vers la fin de juillet, une charrette s'arrêta devant la porte d'une auberge. Le fermier qui la conduisait demanda un bon logement pour lui, sa femme, ses bœufs et son chien Tambour.

On logea les bœufs à l'écurie. L'homme et la femme, suivis de Tambour, vinrent déjeuner dans la salle commune. Tout le monde regarda le chien avec une curiosité extrême, parce qu'il avait une jambe de bois. Cette jambe était fixée à son corps au moyen d'une petite courroie garnie d'une boucle d'acier. Pour satisfaire la curiosité des voyageurs, le fermier conta l'histoire de son chien.

— Au mois de novembre, dit-il, mon berger gardait les vaches non loin de ma maison. Mon fils, âgé de quatre ans, était avec lui. A midi le berger revint chez nous, laissant Tambour au pâturage, avec charge de surveiller le troupeau et l'enfant.

Pendant la courte absence du berger, un gros loup s'était jeté sur le petit garçon et l'avait traîné jusqu'à l'entrée du taillis. La bête, heureusement avait été vue par Tambour, et un combat s'engagea entre eux. Le loup se défendit avec courage, mais Tambour lui tint tête. Au milieu de la lutte arriva le berger, et à son approche le loup prit la fuite.

Tambour avait la jambe droite meurtrie, et l'on fut obligé de la lui couper. L'opération réussit à merveille, et Tambour marche bien avec sa jambe de bois. Il sait que nous lui avons sauvé la vie, mais il ne se doute pas, tant il est loyal, qu'il a sauvé l'existence de notre enfant.

LE CHIEN DU VIEUX SOLDAT

Un caniche, qui portait le nom de sa race, appartenait à un vieux militaire retraité, qui s'en servait tout à fait comme d'un domestique.

Lorsque son maître rentrait tard, après avoir dîné en ville, le caniche empressé venait prendre sa canne, ses gants et son chapeau, et les mettait en place. Ensuite il apportait ses pantoufles, lui prenait ses souliers et les portait à la bonne pour qu'elle les nettoyât.

Comme la plupart des militaires, le maître de

Caniche avait l'habitude de la pipe. Il fumait du matin au soir. En se levant, les premières paroles qu'il adressait à son chien étaient le plus souvent :

— Caniche, allons donc, dépêchons-nous! Vite, il faut chercher ma pipe.

Et Caniche, obéissant et gentil, apportait la pipe immédiatement.

— Maintenant, Caniche, mon tabac! disait le maître.

Le valet à quatre pattes s'empressait de chercher le tabac, et jamais il ne manquait de l'apporter.

Ce vieux militaire se vantait partout de la sagacité et de la prompte obéissance de son ami Caniche. N'est-ce pas qu'il avait bien raison?

TOM ET BILL

On cite l'exemple d'un perdreau et d'un épagneul, qui éprouvaient l'un pour l'autre une vive

Tom et Bill faisaient très bon ménage.

amitié. On avait apporté le perdreau du midi de la France. L'épagneul appartenait à une dame qui demeurait tout près de Paris. Elle donnait le nom de Bill à son petit chien, et appelait le perdreau Tom.

Cette dame, croyant que l'oiseau et le chien ne pourraient pas s'entendre, hésita longtemps à les laisser ensemble. Le perdreau ne témoigna jamais le moindre effroi à la vue d'un chien, mais l'épagneul avait l'habitude de tourmenter les oiseaux. Pourtant elle se décida à essayer si Tom et Bill ne finiraient pas par s'accoutumer l'un à l'autre. Au commencement tous deux se montrèrent un peu craintifs; mais cette espèce de timidité se dissipa promptement, et bientôt même ils se témoignèrent une affection réciproque. On mit la nourriture des deux animaux par terre dans un seul plat, et ils furent ainsi forcés de manger ensemble tous les jours.

Après chaque repas, le chien se retirait dans un coin et dormait d'un profond sommeil, tandis que le perdreau se nichait confortablement entre les pattes de devant de son ami et ne bougeait jamais avant son réveil.

Toutes les fois que Bill sortait avec sa maîtresse, le pauvre Tom était triste et inconsolable jusqu'à son retour. Une fois, par mégarde, le perdreau fut enfermé dans une chambre éloignée, et le chien le chercha toute la journée dans la maison. Il avait la mine tout à fait abattue et poussait de petits cris plaintifs. On peut facilement se figurer la joie des deux amis quand ils se retrouvèrent et prirent leur repas en commun.

CARLO, LE CHIEN FIDÈLE

Le gros chien Carlo est couché devant le feu. La mère vient d'endormir dans le berceau son enfant âgé de deux ans. Obligée d'aller aux champs pour aider son mari, elle regarde le chien et lui dit :

— Carlo, tu auras soin de mon petit; tu le défendras si quelqu'un vient l'attaquer, n'est-ce pas?

Carlo répond à sa maîtresse en tournant les yeux vers elle et remue la queue en signe d'obéissance.

Vers le soir, la femme et son mari rentrent chez eux. En ouvrant la porte, ils trouvent le berceau renversé et vide; Carlo, haletant, a les yeux enflammés et la gueule sanglante. Sans doute le chien aura sauté sur le berceau et mordu le petit.

Le père adorait son fils. Désespéré, furieux, il cède à la colère, et, sans se donner le temps de réfléchir, fend la tête du chien d'un seul coup de pelle. Carlo tombe mort à ses pieds.

Le premier moment d'effroi passé, on fait des recherches, et on trouve l'enfant sain et sauf. Il était tombé avec le berceau, mais sans se blesser le moins du monde. A côté de lui gisait le cadavre d'un loup énorme.

Alors on s'aperçut, mais trop tard, que Carlo, en défendant l'enfant, en étranglant le loup, s'était ensanglanté la gueule.

Le maître prit doucement le corps du brave

chien dans ses bras et alla l'enterrer au jardin, sous une touffe de lilas blancs où l'enfant aimait à jouer avec lui. Il pleura longtemps le pauvre Carlo, cet ami fidèle, et ne cessa jamais de regretter son emportement insensé.

LE CHIEN DE TERRE-NEUVE

En se promenant sur les bords d'un canal très profond et encaissé entre deux murs de pierres de taille, un voyageur glissa, tomba dans l'eau et, ne sachant pas nager, perdit bientôt connaissance.

Quand il revint à lui, il se trouva sur un lit dans une maison de l'autre côté du canal, soigné par des paysans. Ces hommes lui dirent qu'ils avaient vu de loin un gros chien nager dans le canal. Il faisait tout ce qu'il pouvait pour soutenir sur l'eau un objet beaucoup plus grand que lui, dont on ne distinguait pas la forme. Enfin il parvint à l'embouchure d'un ruisseau qui tombe dans le canal.

Alors ils s'aperçurent que le chien traînait un homme. Il se dirigèrent en toute hâte de ce côté et virent que l'animal, ayant réussi à tirer l'homme sur le bord du ruisseau, lui léchait la figure et les mains.

Les paysans transportèrent le pauvre homme chez eux, le déshabillèrent et le couchèrent. Le chien s'assit à côté du lit en observant tous les soins que l'on donnait à son maître.

On découvrit l'empreinte des dents du chien sur l'épaule et sur le cou du voyageur. On en conclut que l'animal avait commencé par lui saisir l'épaule et que plus tard il l'avait pris par le cou, afin de tenir la tête hors de l'eau.

Bientôt le chien eut le bonheur de voir son maître rappelé à la vie. Entendre sa voix, fut pour lui sa plus douce récompense.

MINETTE ET LE MARTEAU

Pendant la belle saison nous sommes allés passer quelque temps dans une petite maison de campagne appartenant à mon maître. Quant à moi, j'étais enchantée de me rouler sur le gazon du matin jusqu'au soir. Souvent j'accompagnais ma jeune maîtresse Julie et son frère Claude, lorsqu'ils allaient dans les champs chercher des fleurs dont ils faisaient des couronnes et des guirlandes pour orner l'antichambre.

Leur provision faite, nous retournions à la maison. Quand la porte d'entrée était ouverte, il n'y avait pas la moindre difficulté; mais, lorsqu'elle était fermée, la manière dont Julie se faisait ouvrir tout de suite m'intriguait.

A force de miauler ou de gratter à la porte, moi aussi je réussissais à me faire ouvrir, mais c'était pour ainsi dire par hasard, tandis que ma

Je glissais ma patte dessous le marteau et la retirais vivement
pour le faire tomber.

jeune maîtresse, et d'autres personnes aussi, possédaient certain secret que je ne pus pas deviner. Après de longues et patientes observations, je découvris enfin qu'il suffisait de frapper la porte avec le marteau.

— Si je pouvais en faire autant! pensai-je.

Me rappelant comment je me servais de la clochette à Nantes, je résolus d'en agir de même à l'égard du marteau. Je glissais ma patte dessous et la retirais vivement pour le faire tomber.

Initiée comme les autres au secret du marteau, je m'en servais tous les jours et j'étais très fière de mon succès.

— Voilà Minette qui frappe à la porte. Il faut ouvrir tout de suite, disaient les gens de la maison. On ne doit pas faire attendre une petite bête si habile et si gentille!

LA PETITE CHIENNE LINDA

Un matin, la maîtresse d'une modeste boutique de mercerie aperçut, dans le ruisseau qui coulait devant sa porte, une nichée de chiens. Parmi eux, une seule petite chienne vivait encore. Elle l'emporta chez elle, l'éleva au moyen d'un biberon et lui donna le nom de Linda. Ses soins furent récompensés par l'affection que lui portait sa protégée.

Au bout de quelques années, la bonne maîtresse mourut, et la petite Linda resta seule au monde.

Le lendemain de la mort de cette dame, son notaire vint chez son voisin, M. Paul, et lui dit :

— La mercière vous a choisi pour son exécuteur testamentaire, en vous priant de donner tout ce qu'elle possédait à la personne qui vous paraîtra la regretter le plus sincèrement.

En entrant dans le magasin, M. Paul entendit

des cris plaintifs, vit les trois cousines de la mercière qui causaient ensemble et leur dit :

— Il me semble, Mesdames, que j'entends quelqu'un qui pleure dans l'arrière-boutique.

— C'est la chienne qui nous casse la tête avec ses cris, répondirent-elles.

Le jeune homme entra dans cette pièce et trouva Linda accroupie sur le lit de sa maîtresse. La pauvre petite bête avait l'air si triste qu'il la prit dans ses bras et l'emporta à l'orphelinat.

— Madame, dit-il à la directrice de l'école, voici une petite chienne qui vient d'hériter d'environ trois cents francs de rente. Chargez-vous d'elle, rendez-lui la vie heureuse. A sa mort, l'école héritera d'elle.

— Nous soignerons la petite bête, dit la dame, et sa pension nous permettra d'admettre une pauvre jeune orpheline que nous nous sommes vues forcées de refuser avant-hier.

LES CHIENS

SOIGNÉS PAR UNE CHATTE

Une épagneule avait cinq petits. Comme elle n'était pas très forte, on la jugea incapable de soigner une famille aussi nombreuse. Néanmoins sa maîtresse ne voulut pas consentir à ce qu'on tuât quelques-uns des jeunes chiens, parce que la race était très rare et d'une extrême beauté. Elle essaya même d'en élever un ou deux au biberon en leur donnant du lait chaud.

Par hasard, le même jour, une chatte eut cinq petits, comme l'épagneule. Alors la cuisinière proposa que deux des petits chiens fussent substitués à deux petits chats. Tout le monde approuva cette idée et la chatte ne s'y opposa en aucune façon. Bien plus, elle montra pour ses nourrissons une affection égale à celle qu'elle portait à ses propres

La chatte porta, l'un après l'autre, ses nourrissons dans leur lit.

enfants, et, chose curieuse, les deux petits chiens élevés par la chatte, au bout de dix jours aboyaient et étaient aussi lestes, aussi disposés à jouer que deux petits chats, tandis que les trois autres petits chiens élevés par leur mère restaient silencieux et presque immobiles.

La chatte permettait à ses petits nourrissons de jouer avec sa queue et se montrait toujours prête à s'amuser avec eux. Bientôt ils mangèrent de la viande, et leur éducation était presque terminée avant que leurs frères fussent assez forts pour quitter le panier. Quand on les enleva à la chatte, son chagrin fut profond.

— Ah! dit-elle en s'adressant à l'épagneule, pourquoi m'avez-vous volé mes enfants?

— Mais, répondit la chienne en colère, ces petits sont à moi et non pas à vous.

— Vraiment! ils sont à vous, dit la chatte. Nous allons voir cela!

Alors la guerre commença. La chatte triompha naturellement, car l'épagneule ne put rien faire contre ses griffes. Elle prit un de ses nourrissons dans sa gueule, le déposa dans son lit et revint chercher le deuxième.

Ayant reconquis ses petits, elle se montra satisfaite et joyeuse.

TRIM ET RUSTAUT

Un chien de berger, nommé Trim, avait pour aide et camarade un jeune chien nommé Rustaut. Ils étaient très bons amis.

Le berger nous raconta qu'un jour où la chaleur était extrême, les moutons se reposaient à l'ombre; Trim, couché, paraissait prêt à s'endormir, toutefois son œil ne quittait point la lisière du bois où Rustaut faisait bonne garde. Tout à coup deux loups se montrèrent sur la lisière. Trim tourna la tête vers eux, puis me regarda.

— Oui, mon garçon, lui dis-je, ils sont deux, et celui qui est le plus près n'est pas le plus à craindre.

Trim se leva doucement, s'éloigna et revint à côté du berger. Le loup, le suivant des yeux, n'avança pas. Soudain Trim avait disparu.

Les brebis effrayées se pressent alors les unes contre les autres, et le berger voit l'autre loup s'élancer au milieu du troupeau. Mais Trim avait tout compris. Il s'était caché dans les broussailles; d'un bond, il terrasse le gros loup et l'étrangle. Ensuite il court vite secourir Rustaut.

— Je ne donnerais pas mon brave Trim pour tous les trésors du monde, disait le berger.

LE CHASSEUR MALADROIT

Un chasseur très habile avait dressé un chien d'arrêt, nommé Basco. Il était un peu fier des talents de son élève, et celui-ci regardait son professeur comme le roi des chasseurs. Quelques jours après l'ouverture de la chasse, un jeune homme vint passer deux jours chez le maître de Basco.

Son hôte lui montra sa maisonnette, ses fusils, ses gibecières et tous ses engins. Enfin on alla voir Basco, dont les regards intelligents captivèrent le jeune homme. Il demanda la permission de sortir une fois avec ce chien admirable, permission qui lui fut accordée.

— Seulement tirez juste, mon ami; oui, faites attention à bien tirer, ou Basco se fâchera, dit l'habile chasseur à son hôte.

Basco, révolté de la maladresse du chasseur, se sauve vers le logis.

— N'ayez pas peur, répondit celui-ci; vous verrez quel beau gibier je vous rapporterai!

Guidé par Basco, le jeune homme traversa un petit bois tout jonché de feuilles de sapin, des champs labourés et un petit pont. La température était d'une fraîcheur charmante et l'on arriva au lieu de la chasse sans fatigue. Tout à coup Basco tombe en arrêt devant une compagnie de perdreaux. Son compagnon lui fait signe d'avancer.

Le chien obéit, les oiseaux s'envolent. On entend un coup de feu, mais aucune pièce ne tombe. Basco, étonné, s'arrête devant une autre compagnie, la fait lever, le chasseur maladroit tire encore, et toujours le même résultat!

Le pauvre chien, Basco le bien dressé, révolté d'une si grande maladresse, se sauve furieux vers le logis. Son maître comprit facilement la cause de son retour. L'année suivante, le jeune homme revint à la même époque chez son ami, mais Basco ne voulut plus l'accompagner à la chasse.

———

MÉRU, UN CHIEN DANOIS

Le prince Lodebrock, fils du roi de Danemark, s'amusait souvent à la chasse des oiseaux de mer. Pendant un de ses voyages de plaisir, il fut jeté par une tempête, avec ses faucons et son chien favori, Méru, sur la côte d'Angleterre. Enchanté de visiter un pays étranger, il débarqua gaiement,

Mais des soldats du pays, qui le guettaient, le prirent pour un espion ou un traître et l'attaquèrent aussitôt qu'il mit pied à terre. Alors il fut obligé de se constituer prisonnier.

On l'amena devant le roi Edmond, et on l'accusa d'espionnage et de trahison. Quelle que pût être la faute du jeune homme, le roi le reçut avec la plus grande courtoisie.

En causant avec lui, Edmond s'aperçut que Lodebrock était plus fort que lui en matière de chasse, et, à cause de cette supériorité, ne permit pas qu'on lui fît aucun mal.

L'admiration du roi pour les talents du prince excita la jalousie du fauconnier de la cour. Cet homme, craignant qu'il ne lui nuisît dans l'esprit d'Edmond, ne put résister à ses mauvaises pensées. Il finit par tuer Lodebrock et cacha son cadavre dans un bois.

Le roi ne tarda pas à remarquer l'absence de son ami. Tout le monde se mit à sa recherche. Mais le chien Méru avait déjà trouvé le corps de son maître et ne le quittait plus.

Un jour le roi, en allant à la chasse, passa tout près de ce bois. Soudain Méru sauta à la gorge du fauconnier et refusa de le lâcher. L'assassin fut condamné à errer dans un bateau en pleine mer. Les flots le transportèrent sur les côtes de Danemark, où il déclara que le prince avait péri par l'ordre d'Edmond.

C'est pour venger cette mort que les Danois envahirent plus tard l'Angleterre.

MIRZA, LA CHIENNE MALADE

Mirza est charmante, caressante, agile, vive, et ne se montre jamais de mauvaise humeur. Tous les matins elle se place devant la porte de la chambre à coucher de son maître, attendant son réveil, et dès qu'il paraît, c'est une joie, des cris, des bonds à n'en plus finir.

Un matin la pauvre Mirza n'était pas à son poste ordinaire. On l'appela, elle ne vint pas. On la chercha, on ne la trouva pas.

Enfin on la vit couchée en rond dans un coin de la salle à manger.

Son maître s'approcha d'elle, elle se mit à grogner. Elle avait l'air de ne pas vouloir se déranger.

On lui apporta sa pâtée; elle la regarda sans y toucher et se remit à dormir. A son déjeuner,

son maître lui jeta un os, à peine si elle le regarda.

La pauvre petite bête était malade.

De temps en temps elle se levait, allait, la queue
basse, laper de l'eau, puis elle se couchait encore.
Pendant deux jours elle fit abstinence complète.
Elle buvait de l'eau, dormait et s'irritait dès qu'on
s'approchait d'elle.

Le troisième jour, par un beau soleil, Mirza alla
faire une petite promenade dans le jardin. Elle
mangea quelques brins d'herbe, qui lui chatouil-
lèrent le gosier, la firent tousser et vomir. Après sa
promenade, elle revint se coucher dans son coin,
mais chaque fois qu'elle se réveillait, elle jetait à la
dérobée un regard sur sa pâtée. Mirza se portait
mieux.

Le matin du quatrième jour elle grimpa à la
porte de la chambre de son maître pour lui dire
bonjour. Elle descendit l'escalier à côté de lui et le
suivit dans la salle à manger, où elle se mit devant
sa pâtée avec très bon appétit. Elle avait retrouvé
sa bonne amitié pour tout le monde.

Ainsi, par des moyens très simples, de la patience, de la diète, du repos et du sommeil, notre chère petite Mirza fut guérie.

L'ÉLÉPHANT ET LE SOLDAT

L'éléphant s'attache pour toujours à ceux qui le traitent avec douceur. Il n'oublie jamais les petits services qu'on lui rend. Un soldat en garnison à Pondichéry avait l'habitude, quand on lui donnait sa ration de vin, d'en porter une certaine quantité à un éléphant, qui appréciait fort cette attention de son ami.

Un jour ce soldat, qui avait lui-même un peu trop bu, se trouvant poursuivi par les gardes, se cacha sous le corps de l'éléphant et s'endormit. Pendant son sommeil les gardes arrivèrent pour

Le soldat se cacha sous le corps de l'éléphant et s'y endormit.

le saisir et le conduire en prison, mais l'éléphant ne voulut pas permettre qu'on l'approchât.

En s'éveillant le lendemain matin, le soldat frémit de se trouver étendu sous le corps de l'animal énorme qui aurait pu l'écraser si facilement. De son côté l'éléphant avait l'air de comprendre ce qui se passait dans l'esprit du fugitif. Il le caressa avec sa trompe comme pour lui donner du courage et tâcha de lui faire comprendre qu'il n'avait pas l'intention de lui causer le moindre mal. Puis, aussitôt qu'il fut assuré que son ami pouvait se retirer sans tomber dans les mains des gardes, il permit à son cornac de le reconduire chez lui.

* *

Un autre éléphant, montré en spectacle en Amérique, avait pris un chien en grande affection. Les spectateurs s'amusaient à taquiner l'éléphant en tirant de temps en temps les oreilles du chien pour le faire aboyer. Un jour qu'on se livrait à ce divertissement près d'une grange où l'éléphant était renfermé, celui-ci, entendant la voix de détresse de son ami, donna un grand coup dans les planches qui les séparaient, les fit voler en éclats, puis se présenta à l'entrée de la brèche avec un air si menaçant que les persécuteurs du chien jugèrent à propos de prendre la fuite immédiatement.

* *

Mais ce n'est pas seulement dans les actions qui demandent de l'attachement et dans les temps calmes que l'éléphant nous est utile. Il rend aussi de grands services à la guerre, où sa grande force et son intelligence ont tant de valeur. Un officier d'artillerie raconte que, le train de siège dirigé vers Seringapatam traversant le lit sablonneux d'une rivière, un homme assis sur un des caissons tomba. Les roues allaient passer sur son corps, lorsque l'éléphant qui marchait derrière le caisson comprit le danger où se trouvait le soldat. Immédiatement, sans avoir reçu aucun ordre de son cornac, il souleva la roue avec sa trompe et la tint suspendue en l'air jusqu'à ce que le caisson eût passé sur l'homme sans lui faire le plus léger mal.

CHOP, LE TIGRE DE COCHINCHINE

Un homme qui demeurait tout près de l'embouchure d'une rivière, en Cochinchine, allant un jour
couper du bois pour faire du feu, aperçut, couché
au pied d'un arbre, un petit tigre nouvellement né.

— Sans doute sa mère n'est pas loin, pensa-t-il.
Il faut me sauver au plus vite.

Le lendemain et le surlendemain il se dirigea
vers le même arbre et y retrouva la petite bête couchée comme auparavant. Convaincu que la mère
l'avait abandonné, il mit le jeune animal sur ses
épaules, le transporta chez lui et lui donna à boire
du bon lait frais.

La tigresse, cependant, ne négligeait nullement
son enfant et savait très bien ce qu'il était devenu;
la nuit venue, elle pénétra dans la cour du paysan
et lui vola le plus gras de ses cochons, et plus tard
lui prit un gros buffle.

Ces visites répétées de la tigresse effrayèrent tellement notre homme, qu'il se décida à se débarrasser du petit. Il s'embarqua avec lui sur un bateau qui se dirigeait vers la capitale de la province et présenta le jeune animal à l'inspecteur des affaires publiques.

L'inspecteur accepta le cadeau, donna le nom de Chop (ce qui veut dire tigre dans la langue du pays) au petit animal et se promit de l'apprivoiser. Comme les allures de Chop ressemblaient à celles d'un chat, on le laissa courir en pleine liberté.

Le petit Chop assistait à tous les repas de son maître, très content d'attraper les morceaux qu'on lui jetait de temps en temps. Mais s'il trouvait près de la table une chaise inoccupée, en deux bonds il s'y élançait et léchait la sauce de tous les plats.

Quand Chop eut sept mois, il lui prit la fantaisie de se promener dans le marché voisin de la maison de son maître. Sa vue faisait peur à tout le monde et l'on fuyait à son approche. Alors Chop, maître de la position, mangeait des friandises à son aise. Le soir, les marchands envoyaient à l'inspecteur la note des dégâts de son protégé, et l'inspecteur ne refusa jamais de payer.

Chop, parvenu à la taille d'un beau chien de Terre-Neuve, se livra au marché à une consommation de plus en plus forte, et les notes des marchands doublèrent. Pour mettre fin à cette dépense, l'inspecteur fit construire dans son jardin une grande cage où il renferma l'animal.

La pauvre bête souffrit beaucoup du manque de liberté. Elle devint triste et refusa de manger. Afin de l'égayer, son maître lui donna un épagneul pour camarade; mais au bout de quelques heures le chien mourut de frayeur. Un autre chien, plus courageux, remplaça celui-ci et devint le maître absolu de la cage. Il ne permettait au tigre de toucher à aucun morceau avant qu'il eût dîné lui-même.

L'inspecteur, ennuyé d'avoir un tigre captif au lieu d'un tigre libre, envoya Chop et son chien en cadeau au gouverneur de la colonie française. Quelques mois plus tard ils partirent tous deux pour la France et furent installés au Jardin des Plantes à Paris.

___

LE LION DE BARBARIE

Le propriétaire d'une ménagerie avait mis un chien dans la cage d'un superbe lion de Barbarie afin de l'égayer. Le lion semblait très heureux de cette attention et prodiguait à son petit camarade les plus tendres caresses. De son côté, le chien paraissait fort gai, et les deux animaux faisaient bon ménage.

Quelquefois le chien se jetait sur la crinière du lion et lui mordillait les oreilles. Loin de se fâcher, le lion se prêtait aux jeux de son ami en baissant la tête. Souvent, à son tour, il l'invitait à jouer, se mettait sur le dos et serrait le chien doucement entre ses pattes. Quand il voulait se reposer, c'était à côté du chien qu'il aimait à dormir. A son réveil il voulait le revoir.

Les repas mêmes ne troublaient pas la paix. Chacun recevait sa ration, et l'un n'osait toucher à celle de l'autre. Celui qui avait le plus tôt fini attendait que son camarade eût cessé de manger. Mais les morceaux de pain jetés par les visiteurs à travers les barreaux de la cage étaient un sujet de querelle. Le chien regardait tout ce qui arrivait ainsi comme son bien et le prenait. Si le lion faisait un mouvement, le chien se jetait sur lui et lui mordait la tête. Le lion généreux se contentait d'écarter avec sa patte son injuste ami.

A la fin le chien mourut. Le pauvre lion, privé de son compagnon, l'appelait sans cesse avec de sombres rugissements. Il devint triste et morne, et perdit l'appétit. Dans la crainte qu'il ne tombât malade, on lui donna un autre chien, mais il ne voulut jamais le regarder.

L'ÉLÉPHANT ET L'ARTISTE

Un artiste, peintre de portraits, désirait dessiner un éléphant de la ménagerie de Versailles. L'idée lui vint de forcer l'animal à se tenir dans une pose en dehors de ses habitudes, c'est-à-dire la trompe en l'air et la bouche toute grande ouverte.

Un jeune élève qui accompagnait l'artiste jetait des fruits continuellement dans la bouche de l'éléphant, afin de l'obliger de conserver cette position un peu difficile; mais il trompait l'animal assez souvent en faisant semblant de lui lancer quelque chose.

L'éléphant, peu satisfait d'être dupé de cette manière, devint furieux. Comme s'il eût compris que l'artiste qui le dessinait dans une pose aussi bizarre, était la cause des tromperies de l'élève, au lieu de se venger directement sur celui-ci, il s'attaqua au maître lui-même.

Le petit se tenait ferme, avec ses dents, à la fourrure de sa mère..

Ayant pompé une grande quantité d'eau sale dans sa trompe, il la versa à grands flots sur le papier où l'artiste avait déjà commencé son dessin, et l'abîma entièrement.

LA LOUTRE ET SES PETITS

Une loutre du Jardin des Plantes avait deux petits, qu'elle soignait avec la plus grande tendresse. Un jour ses enfants s'éloignèrent de leur mère et se trouvèrent dans un bassin presque à sec. Il leur était impossible de grimper pour en sortir, parce que les bords étaient très escarpés et humides. Ils firent plusieurs tentatives, mais toujours inutilement.

Comme leur séjour dans le bassin se prolongeait beaucoup, leur mère commença à s'inquiéter. Elle pensa qu'il fallait venir à leur aide, car elle savait qu'il n'était pas bon pour eux de rester plus longtemps dans une eau aussi peu profonde et où ils ne pouvaient pas nager. Elle essaya à plusieurs reprises de les secourir et n'y parvint pas.

Enfin elle plongea dans le bassin et se mit à jouer avec l'aîné des petits. Ensuite, après avoir placé sa tête tout près de l'oreille de celui-ci pour lui communiquer son intention, elle s'élança hors du bassin.

Le petit, qui paraissait l'avoir comprise, se tenait ferme, avec ses dents, à la fourrure de sa mère, près de la queue. Ayant ainsi posé un de ses enfants à terre, elle alla chercher le second, et le retira de la même manière.

LE LION RECONNAISSANT

Un consul français à Naples visita, il y a environ cent ans, la ménagerie de Florence, appartenant au grand-duc de Toscane. Il y vit un lion couché au fond de sa cage et fit remarquer au gardien que cet animal paraissait malade ou de mauvaise humeur.

— Bien que ce lion soit chez nous depuis plus de trois ans, répondit le gardien, nous n'avons pu réussir à l'apprivoiser, et malgré tous nos efforts il est toujours resté indomptable.

Le consul alla droit à la porte de la cage, afin d'observer le lion de plus près. De son côté, le lion fixa ses regards sur la figure du visiteur. Il se leva majestueusement et marcha vers lui en faisant une sorte de ronron comme un chat quand il est très content. Bientôt après il se dressa sur ses pattes de derrière et commença à lécher les mains du consul en passant sa langue entre les barreaux de sa cage.

Le consul, ayant demandé la permission de faire ouvrir la porte grillée, entra dans la cage. Aussitôt l'énorme bête jette ses pattes de devant sur les épaules du visiteur, frotte sa tête doucement sur sa poitrine et le caresse avec tous les signes d'amitié d'un chien fidèle.

Le gardien, presque mort de frayeur, croyait que tout cela n'était que le commencement d'une lutte terrible. Il pria le consul de s'éloigner au plus tôt ; mais celui-ci, au lieu d'écouter ces conseils, se mit à frotter les oreilles de l'animal. Lorsque enfin il quitta la cage, le lion se coucha près de la porte et semblait dire :

— N'aurai-je plus le bonheur de vous revoir, ô mon ancien maître que j'aime toujours ?

Tout le monde parlait de cette aventure, et le grand-duc exprima le désir d'être témoin d'un fait si rare. Après avoir satisfait sa curiosité, le consul lui expliqua ainsi la conduite du lion :

— Le capitaine d'un vaisseau venant de la Barbarie à Naples me fit cadeau de ce lion, alors très jeune. On l'éleva, on l'apprivoisa ; mais quand il devint grand, on ne le laissa plus entrer dans la maison que pour satisfaire la curiosité de quelques amis.

Un jour qu'il jouait avec un peu trop d'impétuosité, il fit peur et on me pria de le faire tuer comme une bête dangereuse. J'allais en donner l'ordre par écrit, lorsqu'un jeune homme de la compagnie me le demanda.

Enchanté d'épargner la vie du pauvre animal, je cédai, et le lendemain il quittait Naples avec son nouveau maître. Plus tard, le jeune homme, obligé de partir pour la guerre, céda mon lion au directeur d'une ménagerie. On ma raconté depuis que cet homme l'avait vendu au grand-duc de Florence pour sa ménagerie.

LES CASTORS

LE CASTOR ET LA NEIGE

Un castor vivait, il y a quelques années, au Jardin des Plantes à Paris. On lui jetait dans sa loge des légumes et des fruits pour sa nourriture, et de petites branches d'arbres afin qu'il s'amusât à ronger pendant la nuit.

Le temps était à la neige. De gros flocons s'amoncelaient sur les arbres et sur la terre; chassés par le vent, il s'amassaient dans un coin de la loge du castor, qui ne tarda pas à trouver le moyen de se mettre à l'abri de cet inconvénient. Les seuls matériaux qu'il possédait étaient les branches d'arbres, et voici comment il les utilisa.

Il commença par entrelacer ces branches dans les barreaux de fer de sa cage, comme l'eût fait un vannier. Puis, dans les intervalles restés à jour, il introduisit de sa litière, des pommes et des carottes qu'il façonnait avec ses dents de manière à remplir tous les vides. Trouvant encore cette défense insuffisante, il pétrit de la neige comme s'il voulait en faire du pain, et avec cette espèce de pâte il boucha les plus petits trous.

Pendant la nuit cette barricade gela, et le lendemain se trouva changée en un mur-solide qui occupait les deux tiers de la hauteur de la porte et le garantissait parfaitement de la neige, du vent et de là pluie.

LA FAMILLE DE CASTORS CANADIENS

Deux voyageurs assistèrent une fois, au Canada, à une petite scène de famille entre castors. Au moment du crépuscule, la mère et ses trois enfants se montrèrent à la surface de l'eau et nagèrent vers la rive. La mère se risqua la première à gagner terre, et, après s'être assurée qu'il n'y avait aucun danger, elle poursuivit sa route. Ses trois petits, qui avaient la taille d'un jeune chat, la suivirent.

Tout à coup on entendit le bruit qu'ils faisaient en rongeant du bois, et au bout de quelques minutes un arbre tomba. Toute la famille aussitôt se mit à couper les branches et à en manger l'écorce. Bientôt après la mère apparut, traînant avec ses dents une branche de saule, et les petits l'aidèrent à la transporter jusqu'au bord de la rivière.

Après un court repos, chacun reprit la branche, et tous ensemble parcoururent à la nage le chemin par lequel ils étaient venus. Ils nageaient avec les pattes de derrière, la queue servait de gouvernail, et parfois les pattes de devant faisaient l'office de rames.

Il paraît que les castors préfèrent les saules, les frênes, les peupliers, les aunes pour se nourrir et pour construire leurs demeures. Le bois de chêne est sans doute trop dur pour leurs dents.

LA LIONNE MALADE

Par un temps de disette, à Mascara, on ne trouvait rien à manger dans la ville, et ceux qui allaient chercher de la nourriture aux environs, étaient massacrés par les Arabes. Le gouverneur défendit, sous peine de mort, de franchir les portes. Mais une femme espagnole, poussée par les cruelles souffrances, trompa les gardes établis autour de la colonie et sortit toute seule. Après avoir erré quelques heures sur les routes désertes sans trouver un morceau de pain elle entra dans une caverne pour se reposer.

Quelle fut sa terreur d'y trouver une lionne! quelle fut sa surprise de voir la bête formidable s'approcher d'elle et lui lécher les mains! La pauvre bête semblait malade, et son état toucha le cœur de la femme. Elle oublia sa frayeur et se mit à soigner l'animal de son mieux.

Dès que la lionne se porta mieux, elle sortit chercher de la nourriture pour ses deux lionceaux; mais, avant de penser à ses enfants, elle apporta tout aux pieds de sa bienfaitrice. Celle-ci, après avoir mangé suffisamment, donna les restes aux petits lions, qui jouaient avec elle comme deux chiens.

Bientôt les petits eurent l'instinct de chercher eux-mêmes leur proie. Alors ils quittaient la caverne. La lionne, n'ayant plus d'occupation, disparut aussi, et la pauvre femme s'éloigna sans savoir où diriger ses pas. Le même jour elle tomba entre les mains des Arabes, et elle fut condamnée à être attachée à un arbre dans un bois pour y mourir de faim.

Deux jours après, quelques soldats allèrent voir ce qu'était devenue la pauvre femme. Ils furent surpris de la trouver très bien portante, et aperçurent deux panthères affamées non loin d'elle, qui n'osaient s'approcher, effrayées par la présence d'une lionne et de deux lionceaux couchés au pied de l'arbre.

Aussitôt que la lionne vit les soldats, elle s'éloigna un peu, comme pour les laisser libres de délier leur victime; mais, quand ils voulurent l'emmener avec eux, la bête reconnaissante témoigna son amitié en les suivant à pas lents.

Le gouverneur de la ville, instruit de l'aventure par ses soldats, laissa vivre cette femme protégée d'une manière si miraculeuse.

LE TIGRE ET LE TERRIER

Il y a cent ans environ, on amena, sur un bâtiment, un jeune tigre en France. Il était gai et doux comme un petit chat. Tout l'équipage aimait à jouer avec lui. Quand il se couchait sur le pont du vaisseau, il permettait aux matelots de poser leur tête sur son corps comme si c'était un grand oreiller.

Quelquefois il s'enhardissait au point de voler un morceau de viande, et, quand on lui donnait des coups pour le punir, il en comprenait parfaitement la cause. Il grimpait en haut des mâts avec l'agilité d'un singe et sautait d'une corde à une autre avec une légèreté surprenante.

Aussitôt arrivé en France, on l'envoya à la ménagerie du roi. Là, pour l'égayer un peu, on introduisit dans sa cage un petit terrier noir et très jeune. Au bout de peu de temps le tigre montra une grande affection pour son petit camarade.

Quand on retirait le chien pour lui donner à manger, il montrait une vive inquiétude jusqu'à son retour. Deux fois on laissa le terrier dans la cage pendant le dîner du tigre. Le chien eut l'audace de s'emparer d'un morceau, sans que le tigre témoignât son mécontentement.

Un jour, un des matelots qui avaient accompagnés le tigre dans son long voyage alla visiter la ménagerie. Bien qu'ils fussent séparés depuis au moins deux ans, le tigre reconnut son ancien ami. Il paraissait tellement joyeux de le revoir que le matelot pria le gardien de le laisser entrer dans la cage. Quand il y fut, le tigre se frotta contre lui, lécha ses mains, folâtra comme un chat et ne montra aucune intention de lui faire du mal.

Cet homme resta pendant deux heures dans la cage et ne savait comment s'en aller, car le tigre ne voulait pas le quitter. Le gardien vint heureusement à son aide. Pendant qu'il occupait le tigre, le matelot se sauva en se promettant de revenir.

Le tigre montrait une grande affection pour son camarade.

LES RATS ET LES ŒUFS

On aperçut un jour quatre rats, le père, la mère et les deux fils, occupés à chercher des œufs dans les nids de poules placés sur une planche élevée et soutenue par un poteau.

Le plus gros de ces rats, le père sans doute, se plaça en tête de la colonne et grimpa lestement au sommet du poteau. Bientôt on vit un œuf s'avancer doucement vers le bord du nid, guidé et poussé en avant par l'animal. Quand il l'eut fait aller aussi loin que possible sans l'exposer à se casser, il donna le signal aux autres rats restés en bas de se préparer à l'attraper.

Alors la mère s'assit sur ses pattes de derrière, en appuyant ses pattes de devant contre le poteau. Vite un des jeunes rats sauta sur les épaules de sa mère, puis son frère monta sur ses épaules et allongea de toutes ses forces ses pattes vers le nid.

Aussitôt le père poussa l'œuf, qui fut reçu par le second frère, qui occupait la position la plus élevée. Soudain l'échelle de rats s'affaissa, emportant l'œuf intact. Le père sauta en bas du nid pour rejoindre sa famille, puis se mit à marcher à reculons vers son trou, aidant à tirer l'œuf, tandis que les autres le poussaient, le roulaient et évitaient tous les obstacles qui pouvaient se trouver sur la route.

Arrivé devant son trou, le vieux rat y entra encore à reculons, les autres rats lui poussèrent l'œuf, et immédiatement la famille le suivit pour prendre part au festin que chacun avait contribué à se procurer.

LE CERF AU CIRQUE

Franconi, le père, eut l'idée de dresser un cerf, qu'il appelait Coco, et de le faire paraître au cirque. Cette éducation lui coûta plus de deux ans de travail et de patience, mais il fut bien récompensé de sa peine.

Coco commençait ses exercices en faisant le tour du manège en cadence, comme un cheval. Il balançait gracieusement, et en mesure, son bois branchu, s'arrêtant au moindre signe de son maître et retournant sur ses pas. Il passait en sautant par-dessus des rubans et franchissait des barrières. Il se mettait à genoux et se couchait sur le côté, en feignant de dormir. Dans cette position, son maître venait s'asseoir sur le cerf et lui tirait des coups de pistolet entre les deux oreilles sans que la pauvre bête docile fît le moindre mouvement.

Ensuite, huit hommes entraient au son d'une musique militaire et formaient le carré. Le bon Coco sautait par-dessus les huit hommes. Ils étaient remplacés par quatre chevaux, qu'il franchissait également aux applaudissements et à l'étonnement de tout le monde.

On élevait un portique au milieu du manège. Là, sur un piédestal, venait se placer le cerf, indifférent en apparence au bruit des feux d'artifice qui l'environnaient. Quelquefois, au lieu du portique, c'était un ballon avec sa nacelle que l'on descendait et remontait à l'aide d'une poulie, et où Coco prenait place sans témoigner de peur.

On lui faisait aussi jouer une espèce de pantomime représentant une chasse. Poursuivi par les chiens et les cavaliers, on voyait Coco traverser plaines et montagnes figurées par les décorations. Arrivé au bord d'un précipice, l'intelligent animal, par un saut énorme, se mettait hors des atteintes de la meute, qui restait sur l'autre bord.

On restait enchanté et surpris de cet émouvant spectacle.

LE MÉDECIN ET LE LOUP

Un médecin, qui demeurait dans l'Engadine, en Suisse, fut appelé une nuit au secours d'une malade. Il se dépêcha de monter sur son traîneau et se mit en route avec le messager assis à côté de lui. Son chien Beloch, un chien des Grisons dont le courage était à toute épreuve, le suivait.

Il faisait très beau temps et un froid piquant; une lune brillante éclairait le paysage, couvert d'une couche de neige. Le traîneau allait rapidement. Beloch courait toujours à côté du cheval.

Tout à coup le chien bondit par-dessus une haie qui bordait le chemin et derrière laquelle ils entendaient les pas d'un animal qu'ils crurent être un renard. Le chien ne reparut qu'au moment où le traîneau arrivait au haut de la côte. Là, il se plaça devant son maître, se dressa de toute sa hauteur, grinçant des dents et aboyant avec fureur contre un loup dont les yeux flamboyaient à travers le feuillage.

Le cheval, effrayé, s'arrêta subitement. Le chien et le loup se regardèrent avec rage. Alors le médecin et son compagnon se décidèrent à s'enfuir au plus vite, n'ayant aucune arme pour se défendre. Le cheval comprit le danger et partit comme un trait. Le loup et le chien couraient avec une rapidité égale à celle du traîneau, l'un en dedans, l'autre en dehors de la haie. Par moments le loup voulait franchir la haie pour se jeter sur sa proie, mais chaque fois Beloch était là prêt à repousser l'attaque.

Cette course dura une demi-heure et jusqu'à l'entrée d'un village. Alors le loup retourna vers la montagne. Les voyageurs réveillèrent les gens de l'auberge pour leur demander à souper. Beloch, au lieu de manger à côté d'eux, prit sa portion dans sa gueule et alla se placer devant le cheval, afin de lui faire voir qu'il était là pour le défendre si le loup revenait à la charge.

Le médecin ne parlait jamais de cette aventure qu'avec attendrissement et une reconnaissance profonde pour tant de bravoure et de fidélité.

LE LOUP APPRIVOISÉ

Un loup qui avait été pris fort jeune fut élevé de la même manière qu'un chien et devint familier avec toutes les personnes de la maison; mais il ne s'attacha d'une vive affection qu'à son maître. Il lui montrait un dévouement extraordinaire, le caressait affectueusement, obéissait à sa voix et le suivait partout. Le maître, étant obligé de partir pour affaires, fit cadeau de son loup à la ménagerie du Jardin des Plantes de Paris. Le pauvre animal souffrit beaucoup de cette séparation; cependant, après plusieurs semaines passées dans la tristesse et presque sans manger, il reprit un peu de sa gaieté et de son appétit ordinaires.

Au bout d'un an et demi le maître revint au Jardin des Plantes, et, perdu dans la foule des curieux, s'avisa d'appeler son loup. L'animal ne pouvait le voir; mais il reconnut sa voix, et aussitôt ses cris et ses mouvements annoncèrent sa joie. On ouvrit la cage, il se jeta sur son ancien ami et le couvrit de caresses, comme aurait pu faire le chien le plus attaché. Malheureusement il fallut encore se séparer et la pauvre bête tomba très malade.

Trois ans s'écoulèrent. Le loup, redevenu gai, vivait en bonne intelligence avec un chien, son camarade, et caressait ses gardiens. Son ancien maître revint encore au Jardin. C'était le soir, et la ménagerie était fermée. L'animal entend une voix bien connue et lui répond par ses hurlements. Il fait un tel tapage qu'on est obligé d'ouvrir.

Aussitôt le loup redouble ses cris, se précipite vers son maître, lui pose ses pattes sur les épaules, et montre les dents aux gardiens qui veulent intervenir. Enfin il fallut se quitter. Le pauvre loup, triste et immobile, refuse de manger. Il maigrit, et au bout de huit jours il était méconnaissable. A force de soins, on parvint à lui conserver la vie; mais jamais depuis il ne voulut caresser personne, ni souffrir qu'on le caressât.

Ce loup apprivoisé avait, pour son maître, une
véritable affection.

* *

Une dame des Ardennes raconte que son mari, ayant acheté trois jeunes loups, les renferma dans une tonnelle de son jardin. « Dès qu'ils m'entendaient dire dans la cour le matin, ajoute-t-elle : « Petits, petits, venez, petits louveteaux, voilà à « déjeuner! » Vite ils accouraient en bondissant de joie.

« Au bout d'un mois, nous donnâmes deux de ces petits animaux à des voisins. Le troisième, que nous gardâmes, une fois seul, se familiarisa avec les gens de la ferme, mais c'était mon mari et moi qu'il suivait de préférence. En hiver, quand arrivaient les charbonniers, il grimpait sur le mur, remuait la queue et criait jusqu'à ce qu'ils s'approchassent pour le caresser pendant qu'il flairait leurs poches, cherchant s'il n'y trouverait pas quelque chose à manger; aussi lui apportaient-ils souvent des croûtes de pain.

« Nos chiens et le loup mangeaient dans la même

gamelle, sans qu'il s'élevât jamais la moindre dispute. Nous gardâmes notre loup un an, mais la nuit il hurlait tellement que nous fûmes obligés de nous en défaire. »

*
* *

Un Anglais avait élevé une louve qui devint tellement privée qu'elle jouait avec son maître et l'accompagnait dans son traîneau pendant l'hiver. « Un jour que j'étais absent, raconte l'Anglais, ma protégée rompit sa chaîne et se sauva. Au bout de trois jours, lorsque je revins chez moi, je montai sur une colline, et je criai :

« Où est donc ma petite Jussa? » C'était le nom de ma louve.

« A ma voix elle bondit vers moi, revint à la maison et me caressa comme l'eût fait un chien fidèle. »

LES SINGES

ET LES BONNETS ROUGES

Autrefois demeurait à Cadix un muletier qui désirait depuis longtemps faire un voyage en Afrique. Avant de partir il dépensa tout l'argent qu'il possédait pour acheter de ces bonnets rouges appelés fez, dont se coiffent les Turcs et les Africains.

Peu de temps après son arrivée sur les côtes d'Afrique, il se dirigea vers l'intérieur du pays, espérant y faire de beaux bénéfices en vendant ses bonnets. Dans les climats chauds, on a l'habitude de dormir quelques heures au milieu de la jour-née. Notre marchand, se conformant à cette coutume, ouvrit le sac où se trouvait sa précieuse cargaison de calottes et s'en posa une sur la tête comme un bonnet de nuit. Puis il se coucha à l'ombre, au pied d'un grand arbre.

Il s'endormit profondément et ne s'éveilla qu'au coucher du soleil. Mais quel fut son chagrin, en ouvrant les yeux, d'apercevoir, assis sur les branches de son arbre, une foule de singes parés chacun d'un de ses bonnets rouges. Ces animaux, très habiles à imiter les actions de l'homme, avaient remarqué la manière dont le voyageur se coiffait et avaient attendu impatiemment qu'il fût endormi pour pouvoir l'imiter tout à leur aise.

Notre pauvre marchand se mit en colère, trépigna de rage, arracha le bonnet de sa tête et le jeta par terre. Mais qui peut décrire sa joie lorsqu'il vit tous les singes en faire autant!

Il se dépêcha de ramasser ses bonnets et de les remettre dans son sac. Cela fait, il continua son chemin, et son espoir de faire fortune se réalisa bientôt à sa grande satisfaction.

UN SINGE A LONGUE QUEUE

Le gouverneur de Démérary fit cadeau d'un singe femelle au capitaine d'un vaisseau anglais. Les matelots lui donnèrent le nom de Sally. Son nouveau maître reconnut bien vite la douceur de son caractère : « Elle circule, dit-il, sur le navire en pleine liberté, se démène dans les cordages, et quelquefois elle se met à danser avec tant d'entrain sur une corde tendue que les spectateurs distinguent à peine ses jambes.

« Une de ses plus grandes distractions consiste à grimper, grimper, à la recherche d'un bout de corde vertical, auquel elle se suspend par l'extrémité de sa queue, puis elle se balance lentement et en mesure.

« Presque tous les singes de sa famille sont des voleurs, mais Sally n'a jamais rien dérobé à personne. C'est tout au plus si elle s'empare d'un fruit ou d'un morceau de gâteau. Elle est admise à la table de son maître, mais elle ne commence jamais à manger sans en avoir reçu la permission et se borne toujours à sa propre assiette, comme une personne bien élevée.

« Elle ne se nourrit que de fruits, de légumes et de pain blanc. De temps en temps on la régale d'un œuf à la coque. Si on lui donne un morceau de pain trop dur, elle le flaire d'un air soupçonneux et le jette par terre. Après avoir été privée pendant longtemps de fruits des tropiques, elle s'empara d'une pomme qu'on lui offrit et la croqua avec un grand plaisir. »

Un jour les officiers du vaisseau organisèrent un petit banquet, auquel Sally assista. Ils lui donnèrent des amandes, des raisins secs, des fruits divers, des pâtisseries et des olives confites. Sally adorait les olives, et, comme elle s'en était amplement régalée, elle avait une soif ardente. Pour l'apaiser, elle s'empara d'un broc d'eau mêlée d'eau-de-vie et le vida presque entièrement.

Ces excès la rendirent fort malade pendant

quelques jours. Aussi, prit-elle l'eau-de-vie en tel dégoût, que jamais, depuis lors, elle ne put en supporter l'odeur.

Sally eut une excellente idée pour se protéger du froid. Deux jeunes chiens de Terre-Neuve occupaient ensemble une espèce de cabane en paille. Elle s'y introduisit, se coucha à côté des petits chiens et entoura leur cou de ses bras. Rien ne l'amusait plus que d'enrouler sa queue autour de leurs corps.

Sally n'avait que quatre ans, mais sa figure était si ridée qu'elle paraissait en avoir au moins cent.

LE SINGE HURLEUR

De tous côtés, les singes hurleurs faisaient retentir leurs cris; de temps à autre, on entendait l'appel plus doux des caritas blancs. Ces petits simiens adorent le miel, et tout autant les larves d'abeilles, mais n'ont pas encore trouvé de procédé pour se mettre à l'abri des piqûres. Ils se contentent de hérisser leur poil et de manger à même sans grand souci des dards des hyménoptères acharnés à défendre leur bien; parfois, d'une main leste, ils en écrasent une douzaine. Ils reviennent de cette chasse enflés comme des outres.

Ces singes s'attaquent aussi aux iguanes, ou plutôt à leur queue. Sans faire le moindre bruit, et se dissimulant derrière de grosses branches, le carita s'approche doucement du saurien. A peine celui-ci l'aperçoit-il, qu'il grimpe au haut de l'arbre; arrivé au faîte, il n'a d'autre ressource que de se laisser tomber dans l'eau ou sur les lianes : mais, avant le saut périlleux, mon singe l'a déjà rejoint, et, se fixant solidement à une branche par sa queue prenante, il saisit de ses quatre mains l'objet de sa gourmande convoitise; l'iguane et son agresseur, l'un portant l'autre, ne tardent pas à dégringoler; le saurien se débat, sa queue se rompt et le voleur escalade joyeusement son arbre en croquant ce tronçon encore frétillant. Pour piller

Pour piller les champs de cannes ou de maïs ils se réunissent par bandes.

les champs de canne ou de maïs, ils se réunissent par bandes : non contents de s'emplir le ventre et de se bourrer les abajoues, ils se chargent encore d'une demi-douzaine de cabochons, qu'ils emportent sur les épaules en marchant debout. Ils placent des sentinelles en vedette, et malheur à elles si les singes ont été surpris : elles sont assommées sans miséricorde.

Tout malins que sont les caritas, ils ne savent pas éventer un piège bien peu compliqué pourtant : ces voleurs effrontés ne manquent point de visiter les ranchos, et de faire main basse sur tout ce qu'ils y trouvent; ils ne touchent d'abord qu'à ce qui est déposé dans les totumas; plus hardis, ils mettent ensuite la patte dans les calebasses. Dès qu'ils en ont pris l'habitude, on perce dans un de ces ustensiles un trou juste assez grand pour que la main du singe puisse y entrer vide, et on place au fond un jeune épi de maïs ou quelque fruit non pulpeux; on quitte la pièce et le carita d'accourir : il guettait du haut de sa branche; introduisant sa patte dans l'ouverture, il saisit l'objet qui le tente, mais son poing fermé est trop gros pour sortir; le larron n'a pas l'idée de lâcher sa proie, et comme la calebasse est fixée au mur, notre mono reste prisonnier jusqu'à ce que le maître de la case ait besoin de son rôti.

LE CHIMPANZÉ DE DU CHAILLU

Le voyageur français du Chaillu, qui parcourut l'un des premiers l'Afrique centrale, raconte ce qui suit :

« Vers midi, comme nous traversions une espèce de plateau sur les hauteurs, nous entendîmes le cri d'un jeune animal que nous reconnûmes tous pour un nshiégo-mbouvé. A ce moment, toutes mes préoccupations disparurent, et je ne sentais plus ni la maladie ni la faim.

« Nous nous glissâmes à travers les buissons

avec le moins de bruit possible, toujours guidés par le cri du petit singe. Bientôt, en arrivant à une clairière, nous vîmes quelque chose qui courait le long du sol, vers l'endroit où nous nous tenions cachés. Quand l'objet fut plus près, nous distinguâmes une femelle de nshiégo-mbouvé, trottant à quatre pattes, et tenant un petit collé après son sein. Elle mangeait avidement quelques fruits et supportait le petit avec un de ses bras. Querlaouen, le mieux placé, tira et l'abattit. Elle tomba raide. Le pauvre petit poussait des cris : heu! heu! heu! et s'attachait au corps, cachant sa petite tête effrayée dans le sein de sa mère.

« Nous accourûmes pleins de joie pour nous emparer de lui. Je ne saurais dire ma surprise quand je vis que le petit nshiégo avait la figure blanche, pâle même, aussi blanche que le visage de l'enfant le plus blanc. Je regardai la mère, et je vis que sa face était noire comme de la suie. Le petit n'avait guère qu'un pied de haut. Un de nos hommes lui jeta un morceau d'étoffe sur la tête, et le maintint jusqu'à ce que nous l'eussions attaché avec une corde ; car, malgré son jeune âge, il pouvait marcher.

« Je donnai aussitôt l'ordre de revenir au camp ; et nous le regagnâmes vers le soir. Pendant la route, le petit nshiégo avait été tout le temps séparé du corps de sa mère. Lorsque, en arrivant, on le plaça auprès d'elle, ce fut une scène des plus émouvantes. Il se précipita sur elle, mais, en lui touchant la face et le sein, il parut conprendre qu'un grand changement était survenu. Pendant quelques moments, il la caressa comme pour la rappeler à la vie ; puis, il sembla perdre tout espoir. Ses petits yeux prirent un air triste, et il éclata en gémissements prolongés : « Ooee ! ooee ! » à fendre le cœur des assistants. Il semblait tout à fait désespéré, comme s'il eût senti réellement son abandon. Tout le monde, au camp, fut touché de sa douleur ; les femmes, surtout, s'en montrèrent fort émues.

« Nous avions déjà été témoins de ces scènes quand nous avions pris de petits gorilles sur le cadavre de leurs mères. N'est-il pas étrange que des êtres du naturel le plus opposé témoignent, quand ils sont jeunes, le même amour pour le sein qui les nourrit, et que, même les plus féroces, soient susceptibles d'un sentiment si tendre?

« Je ne revenais pas de mon étonnement en considérant la figure blanche de cette petite créature. C'était pour moi une chose merveilleuse et tout à fait incompréhensible. Je n'avais jamais vu d'animal plus étrange.

Pendant que j'étais là à le regarder, deux de mes chasseurs survinrent et me plaisantèrent :

« — Voyez, Chelly, disaient-ils (c'est le nom qu'ils me donnent), voyez votre ami! Toutes les fois que nous tuons un gorille, vous nous dites : Voyez votre ami noir! Maintenant nous vous disons : Voyez votre ami blanc! »

« Là-dessus, ils poussaient un formidable éclat de rire, tant la plaisanterie leur paraissait excellente.

« — Voyez, il a des cheveux droits, absolument comme vous! Regardez la figure blanche de votre cousin des forêts! Il est bien plus de votre famille que le gorille n'est de la nôtre.

« Là-dessus, nouveau tonnerre de rires.

« — Le gorille n'a pas de cheveux de laine comme nous. Celui-ci a des cheveux droits comme vous.

« — Oui, répondis-je, mais, quand il sera vieux, il sera noir comme vous, et si ces cheveux sont comme les miens, ne voyez-vous pas que son nez est comme le vôtre.

« Et les éclats de rire de redoubler. Car pourvu qu'un nègre rie, peu lui importe aux dépens de qui.

« Trois jours après que j'eus pris le petit animal, il était déjà tout à fait apprivoisé. Je lui donnai le nom de Tomy. Il venait prendre du biscuit dans ma main et il buvait du lait de chèvre. Deux semaines plus tard, son éducation était complète, je n'avais plus besoin de l'attacher. Il courait à droite et à gauche dans le camp, et lorsque nous fûmes revenus chez Obindji, il trouvait son chemin dans le village et dans les cabanes, comme s'il eût été élevé là. Il montrait une grande affection pour moi, et il avait pris l'habitude de me suivre partout. Quand j'étais assis, il n'était pas content qu'il n'eût grimpé sur mes genoux et caché sa petite tête sur ma poitrine. Il aimait beaucoup à être caressé et dorloté, et serait resté des heures à se laisser gratter la tête ou le dos.

« Il ne tarda pas malheureusement à devenir très voleur. Quand les habitants quittaient leurs cabanes, il dérobait et emportait leurs bananes ou leurs poissons. Il guettait le moment de leur sortie; aussi était-il malaisé de le prendre sur le fait. Je le fouettai plusieurs fois et je suis sûr d'être parvenu à lui faire comprendre que c'était mal de voler, mais il ne pouvait résister à la tentation.

« C'était moi surtout qu'il volait. Il s'était aperçu que ma cabane était mieux approvisionnée de bananes mûres et de fruits divers que les autres; il avait découvert aussi que le moment le plus favorable pour ses larcins était celui de mon sommeil du matin. Il se glissait alors tout doucement, sur la pointe du pied, jusqu'à mon lit, regardait si j'avais les yeux bien fermés; puis, quand il ne me voyait faire aucun mouvement, il se redressait d'un air rassuré et allait me dérober quelques bananes. Si je venais à bouger, il disparaissait comme un éclair, et rentrait tout de suite après pour recommencer le même manège. Si je rouvrais les yeux pendant qu'il était en train de commettre son méfait, il prenait tout de suite un air honnête et venait me caresser; mais je discernais bien les regards furtifs qu'il lançait du côté des bananes.

« Ma cabane n'avait pas de porte, mais elle était fermée par une natte. Rien de plus comique que de voir Tomy soulevant un coin de la natte pour regarder si j'étais endormi. Quelquefois je faisais semblant de dormir, puis je remuais juste au moment où il s'emparait des objets de sa convoitise. Alors il laissait tout tomber et se sauvait dans le plus grand trouble. Il observait les heures des repas, et tâchait d'assister à autant de repas que possible; c'est-à-dire qu'il allait de ma table à une demi-douzaine d'autres, demandant quelque chose à chacun. Mais il ne manquait jamais de se trouver à mon déjeuner et à mon dîner, car c'était chez moi, il le savait par expérience, qu'il y avait la meilleure chère. On me servait, sur une espèce de table grossière, dans un endroit découvert devant la maison; mais cette table était trop haute pour que Tomy pût voir les mets qu'on y plaçait. Que faisait-il? Dès que j'étais installé, il grimpait sur un des poteaux qui supportait le toit. De ce poste, il inspectait tous les plats qui étaient sur ma table, et, quand il avait fait son choix, il redescendait et s'asseyait à côté de moi.

« Si je ne faisais pas attention à lui, il commençait par un cri : Heu! heu! heu! qui devenait de plus en plus fort, jusqu'à ce que, pour avoir-la paix, je lui eusse donné ce qu'il voulait. Naturellement, je ne pouvais pas savoir quel plat il avait choisi pour son dîner; je lui en offrais d'abord un, puis un autre, jusqu'à ce que le tour du sien arrivât. Si je lui donnais d'un mets dont il ne voulait pas, il le jetait par terre avec un cri d'impatience, en frappant violemment du pied. Il répétait ce manège tant qu'il n'était pas servi à sa fantaisie. En un mot, il se conduisait comme un véritable enfant gâté.

« Si je lui donnais tout de suite ce qu'il voulait,

il me remerciait par une espèce de gentil mur-
mure et me tendait sa petite main pour secouer la
mienne. Très amateur de viande et de poissons
bouillis, il était sans cesse occupé à ronger les os
qu'il ramassait dans le village. Il voulait toujours
goûter à mon café,; quand Maconday me l'apportait, Tomy m'en demandait gravement sa part, et
si je le lui donnais sans sucre, il ne le buvait pas.

« Je lui avais arrangé un petit coussin en guise
de lit, ce qui parut l'enchanter. Une fois qu'il y fut
accoutumé, il ne voulut plus s'en séparer; il le
traînait partout avec lui.

« Il était doué d'une forte dose d'intelligence; je
crois que si j'en avais eu le loisir, j'aurais pu
l'amener à se bien conduire, quoique son penchant
pour le vol fût de nature à me désespérer. Il avait
déjà vécu si longtemps avec nous, et il s'habituait
si bien à la vie civilisée, que j'avais grand espoir
de l'amener vivant en Amérique. Rien ne lui plai-
sait tant que de manger avec les nègres. Quand ils
étaient assis en repos pour dîner, il mettait la main
au plat en même temps qu'eux. A mesure aussi

que la saison sèche s'avançait, et que les nuits devenaient plus fraîches, il trouvait un plaisir extrême à s'étendre autour du feu, le soir, avec mes
hommes. M. Tomy semblait jouir de cette récréa-
tion comme un être humain. De temps en temps
il regardait les camarades qui l'entouraient, comme
pour leur dire : « Ne me renvoyez pas! » Et la
couleur blanche de sa figure contrastait singuliè-
rement avec tous ces nègres. Son regard était intelligent; mais quand on le laissait à lui-même, il
y avait dans toute sa physionomie quelque chose
de triste, qui faisait peine à voir. Plusieurs fois
j'essayai de pénétrer et de lire au fond des sentiments de ce pauvre petit être, qui excitait la curiosité des indigènes aussi bien que la mienne; car
Tomy avait dans le pays autant de réputation que
moi. Hélas! pauvre Tomy! un jour il refusa de
manger; il semblait tout abattu; il voulait se faire
caresser, se faire tenir dans les bras. J'allai chercher pour lui toutes sortes de fruits dans la forêt,
mais il ne mangeait rien. Le lendemain, tout doucement, sans agonie, il mourut. Pauvre petit! Cette

perte me causa un véritable chagrin; car je le voyais grandir près de moi comme un petit compagnon. Les nègres eux-mêmes, quoiqu'il les eût souvent importunés, le regrettèrent beaucoup. Je l'avais gardé cinq mois. »

LE CHIEN DU VOYAGEUR

(HISTOIRE VRAIE)

« Le chien, dit Buffon, a, par excellence, toutes les qualités qui peuvent lui attirer les regards de l'homme. »

On trouve dans le chien domestique les sentiments les plus affectueux. Il met aux pieds de son maître son courage, sa force, ses talents. Avec une rare patience, une grande intelligence, une expression très vive, il le consulte, l'interroge et le supplie tour à tour; bien souvent il est son seul ami, sa consolation.

Quoique plus sensible au souvenir des bienfaits

qu'à celui des outrages, il n'éprouve cependant aucun désir de vengeance. Il lèche la main qui vient de le frapper!

Nous pouvons donc dire, avec notre immortel Buffon, que « le chien est le seul animal dont la fidélité soit à l'épreuve; le seul qui connaisse toujours son maître et les amis de la maison ».

On rapporte du chien un grand nombre de traits qui justifient tout le bien que l'on en dit :

*
* *

Un de nos bons-amis, M. P..., alors qu'il était voyageur de commerce, allant, avec sa voiture, de pays en pays, parcourant la Normandie, la Bretagne et le centre de la France, possédait une jolie chienne noire, de la race que l'on désigne sous le nom de *Mouton*.

Peluche était aussi bonne que jolie. Par ses caresses, ses démonstrations d'amitié et ses traits d'intelligence, elle avait réussi à se faire aimer de tout le monde.

Cette excellente bête connaissait une foule de

10

petits tours qui la faisaient admirer, et il fallait voir sa joie quand elle était l'objet d'applaudissements.

⁎
⁎ ⁎

Un jour, arrivant dans une ville pour la première fois, son maître ne trouvait pas l'hôtel des voyageurs. Peluche comprend, saute de la voiture, précède le cheval et se met à la recherche du meilleur établissement de l'endroit. Tout d'un coup, apercevant deux hôtels voisins l'un de l'autre, ne se guidant que sur l'apparence, elle se poste bravement à la porte de celui qui lui semblait le meilleur, et, d'un air vainqueur, elle avait l'air de dire: « C'est ici qu'il faut descendre. »

⁎
⁎ ⁎

Après avoir voyagé ainsi pendant plusieurs années, M. P..., étant à Rennes, vendit cheval et voiture; puis il continua ses tournées en chemin de fer. Inutile de dire qu'il avait conservé son amie, malgré les dépenses, les difficultés et les ennuis que ce système de voyager lui occasionnait.

Jugez de la surprise de la bouchère, en voyant arriver Peluche
et le cheval.

Et ce n'est qu'après deux mois, à son retour à Paris, qu'il se décida à se séparer de sa compagne fidèle.

Voulant que cette bonne chienne, à laquelle il s'était attaché, ne fût pas malheureuse, il la conduisit dans une petite ville du département des Vosges, à L..., où il avait ses parents.

Là, Peluche eut une vie aussi agréable que possible : une sorte de retraite, où elle fut bien soignée jusqu'à sa fin.

*
* *

A L..., Peluche ne tarda pas à être connue de tous les habitants; c'était à qui la caresserait; elle se montrait, du reste, reconnaissante en rendant de véritables services : elle allait seule à la boucherie; il suffisait de lui donner un panier dans lequel on mettait une note et elle revenait avec la provision.

Ses actes d'intelligence sont nombreux :

Un jour que son maître l'avait emmenée avec lui à un village voisin, il lui arriva de perdre son mouchoir en route; dès qu'il s'en aperçut il retourna sur ses pas. Peluche, comprenant qu'il lui manquait quelque chose, se mit à chercher et ne tarda pas à rapporter l'objet perdu.

⁎⁎

Une autre fois, son maître envoya un enfant de treize ans conduire un cheval à un de ses parents, à M..., village situé à cinq kilomètres de la ville. En chemin le cheval effrayé se mit à courir, l'enfant le laissa échapper, et, ne pouvant le rattraper, l'abandonna; puis, en pleurant, il revint à la maison, et dit : « J'ai perdu le cheval ainsi que Peluche; le cheval s'est sauvé et Peluche l'a suivi. »

Connaissant le caractère et l'intelligence du chien, on ne fut pas inquiet. Le lendemain, en effet, on apprit que le cheval conduit par Peluche, qui tenait à sa gueule la corde attachée à son licou, était bien arrivé à sa destination.

⁎⁎

Peluche, cette bonne et fidèle chienne, comme nous l'avons déjà dit, était aimée et appréciée de tous ceux qui la connaissaient. Elle mourut de vieillesse, à l'âge de quinze ans, entourée de tous les soins qu'elle méritait.

A.-P. DE LAMARCHE.

LES CANETONS

ET LEUR MÈRE NOURRICE

Souvent, dans la basse-cour, on confie les œufs de la cane à une poule bonne couveuse. Celle-ci entoure ces œufs étrangers d'une sollicitude aussi grande que s'ils étaient les siens. Elle est même plus douce et plus assidue que la cane elle-même.

Mais elle est bien mal récompensée de ses soins.

A peine éclos et couverts de leur léger duvet jaune, les canetons, poussés par un attrait naturel, courent droit à la mare voisine, s'y plongent et s'y jouent, au grand désespoir de la pauvre poule qui, arrêtée par un instinct contraire, n'ose quitter le rivage. Effarée, les ailes ouvertes, les plumes hérissées, elle court de çà de là sur le bord de l'eau, essayant par ses cris d'angoisse de rappeler près d'elle sa chère et indocile couvée.

Cet amour de la poule pour sa famille d'adoption ne nous étonne guère, tellement le fait est ordinaire; mais qu'une chienne se fasse la mère nourrice de petits canetons, cela est aussi nouveau que surprenant.

Dans un château, en Bourgogne, au mois de mai, on remarquait avec étonnement une couvée de jolis petits canetons soignée par une chienne faisant les fonctions de mère nourrice. Voici comment cela était arrivé : peu de temps avant cette époque la chienne se trouvait à la tête d'une nombreuse famille qu'elle adorait. Sa joie ne fut pas de longue durée, car on noya tous ses enfants. La pauvre mère se promenait çà et là, triste et désolée. Elle n'avait plus rien à aimer dans le monde.

Un jour elle vit une couvée de jeunes canetons

Dès que les canetons se mirent à nager, leur mère nourrice
eut grand'peur.

se promenant gentiment à l'extrémité de la basse-cour. Sans se donner le temps de réfléchir, elle les saisit et les transporta un à un dans son chenil, où elle les garda nuit et jour. Elle était trop bonne pour penser à les maltraiter. Le temps arrivé pour les canetons de se mettre à nager, leur mère nourrice eut grand'peur. Elle courait, sautait et poussait des cris de détresse, mais les petits canards ne comprenaient rien à tout cela et continuaient à barboter tranquillement. Aussitôt qu'ils quittaient l'eau, elle les prenait et les remettait dans son chenil.

L'année suivante, la même chienne eut encore des enfants, qui furent tous noyés comme les premiers. Cette fois elle adopta de petits poulets pour se consoler. Elle les soigna avec la même affection qu'elle avait eue pour les canetons. Mais lorsque les jeunes coqs commencèrent à chanter, elle employa tous les moyens possibles pour les en empêcher.

Bien que cette pauvre mère n'aimât pas à voir les canetons nager, ni à entendre les jeunes coqs chanter, elle vivait en paix avec tous ses nourrissons. Pour elle, c'était un vrai plaisir de suivre les canetons à la recherche de leur nourriture, de les regarder, saisissant avec adresse les chenilles, les limaces, les araignées, les petits poissons et les jeunes crapauds, dont ils paraissent très friands. Pourtant la bonne chienne ne pouvait comprendre que l'eau leur fût aussi nécessaire que les aliments

LES CIGOGNES

Partout la présence des cigognes est regardée comme un heureux présage. Dans plusieurs pays du nord de l'Europe on a l'habitude de placer des caisses vides et ouvertes sur le toit des maisons, dans l'espoir que des cigognes seront tentées de s'y établir. Aussitôt qu'un couple commence à faire son nid, la joie des habitants de la maison est extrême.

— Les cigognes sont venues! quel bonheur! il ne faut pas faire de bruit pour ne pas les déranger! disent-ils à voix basse.

A Strasbourg, il existe des maisons dont les cheminées carrées sont fermées en haut par un couvercle en pierre. A peu de distance en dessous du couvercle on ménage des trous pour laisser passer la fumée. Le haut de la cheminée alors est bien chaud, aussi les cigognes s'y établissent.

Ces oiseaux arrivent en Europe au mois de mai. Le même couple revient toujours à son vieux nid, et, s'il le trouve un peu délabré, il cherche de petites branches pour le réparer et du gazon pour en refaire la garniture. Comme la cigogne mesure un mètre de hauteur, elle demande de la place pour se loger avec sa famille. Ainsi le nid est un vaste berceau.

Montée sur des jambes longues comme des échasses, la cigogne se promène dans les endroits humides, pour trouver les grenouilles, les souris, les reptiles et les petits poissons dont se compose sa nourriture.

Quand il fait mauvais temps, la mère déploie ses ailes sur ses enfants pour les protéger.

Tant que les jeunes cigognes ne peuvent pas voler, le père et la mère les emportent sur leurs ailes étendues, afin de les promener dans les airs. Plus tard ils les encouragent à voler, en frappant les mandibules de leurs becs l'une contre l'autre comme des castagnettes, ce qui est leur manière de se parler.

Les jeunes cigognes n'oublient jamais les soins que leurs parents ont donnés à leur enfance. Ceux-ci montrent pour elles une grande affection, leur apportent à manger et les soignent tendrement.

A l'automne, les cigognes quittent les pays du Nord et émigrent au Midi. Elles passent l'hiver en Afrique, surtout sur les bords du Nil, en Égypte. Les préparatifs pour ce long voyage se font avec le plus grand ordre. Toutes les cigognes se réunissent et font plusieurs évolutions dans l'air, comme pour exercer leurs ailes. Puis, au premier souffle du vent glacial du nord, elles montent, montent et disparaissent dans les nuages.

LE PIGEON ET LA CHATTE

Un pigeon choisit, une fois, un grenier assez spacieux pour y faire son nid et élever ses jolis pigeonneaux. A peine avait-il pondu ses œufs, qu'il s'aperçut que le grenier était infesté de rats, et que non seulement ceux-ci croquaient ses œufs, mais dévoraient même ses petits dès qu'ils étaient éclos.

Ces pertes attristèrent tellement la pauvre mère qu'elle se décida à refaire son nid dans un coin éloigné du grenier, où une bonne chatte soignait ses trois enfants.

Le voisinage de la chatte suffira pour protéger

mes petits, pensa-t-elle. Les rats n'oseront pas s'aventurer trop près d'elle.

Les deux voisines, occupées chacune de la même manière, à soigner sa famille, n'avaient pas le temps de se faire la guerre. Loin de là, elles ne tardèrent pas à devenir de véritables amies, et bientôt elles prirent l'habitude de manger ensemble dans le même plat.

Lorsque madame chatte allait en ville, sa bonne voisine l'accompagnait en voltigeant autour d'elle. Mais le plus souvent elle préférait rester à la maison pour surveiller les petits chats. Elle les protégeait en battant des ailes et en menaçant de son bec fort et pointu tous ceux qui les approchaient.

⁎
⁎ ⁎

L'espèce de pigeon que nous nommons tourterelle est aimée partout à cause de sa gentillesse, bien que son roucoulement soit un peu monotone. Les pigeons qui vivent à l'état sauvage dans

Les deux familles faisaient très bon ménage.

les bois s'appellent pigeons ramiers; ceux qui sont élevés dans les colombiers, pigeons bisets.

Le pigeon voyageur vole très rapidement et tout droit, sans relâche, vers les endroits qu'il connaît. On lui attache une lettre sous l'aile, et il la porte à une grande distance, sans jamais se tromper de destination. Dernièrement un pigeon voyageur a franchi en six heures la distance du Havre à Bruxelles.

L'OIE ET LE CHIEN

Malgré le proverbe : « Bête comme une oie », cet oiseau n'est en réalité ni maladroit ni stupide. Le matin, à la campagne, on lâche les oies des différentes fermes pour qu'elles aillent paître toutes ensemble dans les prés et sur les bords des chemins. Le soir il n'est pas nécessaire d'aller à la recherche de chaque troupe, car l'instinct guide les oies : elles rentrent sans se tromper chez elles, juste à l'heure où le soleil se couche.

Dans une ferme d'Écosse on avait enchaîné un gros chien de garde, afin de l'empêcher de courir après les volailles de la basse-cour. Il était donc pour ainsi dire prisonnier dans sa cabane. Une bonne oie, sa voisine, venait de temps en temps lui faire visite. Le chien était très content de cette attention, bien qu'il n'aimât pas les volailles en général.

De son côté, l'oie se trouvait si bien dans la cabane garnie de bonne paille, qu'elle s'y fit un nid et y déposa ses cinq œufs qu'elle couva, passant souvent les nuits à côté du chien, jusqu'à ce que ses oisons fussent éclos. Le bon chien prenait de grandes précautions pour ne pas déranger les œufs.

Les gens de la ferme racontèrent cette histoire au fermier, qui alla, lui-même, visiter la cabane. Mais le chien s'y opposa résolument, regardant comme un devoir de protéger l'amie qui lui avait confié sa couvée. Enfin, on découvrit, au milieu de la paille, cinq œufs posés sur une couche de plumes et du duvet que la bonne mère s'était arraché de la poitrine.

LE JARS & LA FEMME AVEUGLE

Dans une pauvre chaumière, vivait une vieille femme aveugle. Elle avait avec elle sa fille, mariée à un maçon et mère de deux enfants. Gustave, âgé de huit ans, Georgette de quelques mois à peine. La mère des deux enfants était occupée toute la journée aux soins que réclamait son nouveau-né et à l'entretien du ménage.

Gustave conduisait régulièrement sa grand'mère en la tenant gentiment par la main. Bientôt il fut obligé de quitter son village pour aller travailler chez un fermier, et la pauvre aveugle n'avait plus de guide.

—Je ne serai pas trop à plaindre les jours de la semaine, dit-elle à sa fille ; mais les dimanches, comment ferai-je pour aller voir mon petit-fils ? Car je sais qu'il ne vous sera pas possible de quitter votre nouveau-né pendant l'hiver.

La fille savait qu'un vieux jars, que sa mère avait élevé avant d'avoir perdu la vue, montrait beaucoup d'affection pour sa maîtresse et qu'il la suivait toujours. L'idée lui vint d'en faire un guide pour sa mère.

Celle-ci ayant approuvé cette idée, on finit par faire comprendre au jars que lorsque la cloche du dimanche sonnait, il devait prendre dans son bec le coin du tablier de sa maîtresse et l'accompagner au village voisin. L'oiseau remplit avec beaucoup d'intelligence les fonctions qu'on lui avait confiées. Dès qu'il voyait la bonne dame aveugle assise dans la ferme, il allait paître sur le pré voisin, puis il ramenait la bonne vieille chez elle.

LA CHASSE AU DINDON

M. Audubon, qui a passé beaucoup de temps à étudier les habitudes des oiseaux, nous raconte qu'un jeune dindon sauvage qu'il avait élevé était devenu d'une familiarité extrême. Néanmoins cet oiseau avait toujours conservé l'amour de l'indépendance et n'avait pu s'accoutumer à la vie monotone des dindes domestiques. Aussi jouissait-il de la plus grande liberté. Il allait, venait, passait la journée dans les bois et ne rentrait chez son maître que le soir. Un jour il ne revint pas, et l'on ignora ce qu'il était devenu.

Quelque temps après sa disparition, son maître, étant à la chasse, aperçut un superbe dindon sauvage sur lequel il lança son chien. A la grande surprise du chasseur, l'oiseau ne prit pas la fuite, et le chien, au lieu de le saisir, s'arrêta et tourna la tête vers son maître. Mais l'étonnement de

M. Audebon fut encore plus grand, lorsqu'il reconnut son ancien pensionnaire dans l'oiseau qu'il
avait poursuivi. Ainsi ce dindon avait non seulement reconnu le chien de son maître, mais il avait
encore compris qu'il ne lui ferait aucun mal.

*
* *

Les dindons sauvages dorment par troupes sur
les branches d'arbres, et les chouettes, dont le vol
est silencieux, les surprennent facilement, à moins
qu'un oiseau de la bande faisant le guet n'annonce
par des cris d'alarme la présence de l'ennemi dont
on surveille les mouvements et qui, malgré cela,
ferait plus d'une victime, si, pour parer les vigou-
reux « coups de talon » de l'oiseau de proie, le
dindon ne baissait rapidement la tête en renver-
sant sa queue étalée sur son dos. La chouette ne
rencontre alors qu'une espèce de bouclier incliné
sur lequel les coups glissent, et elle ne trouve à
saisir que des plumes. Le dindon en perd quel-

L'oiseau ne prit pas la fuite, et le chien tourna la tête
vers son maître.

ques-unes, saute à terre et s'échappe, heureux d'en être quitte à si bon marché.

*
* *

Une dinde était en train de couver, et on avait éloigné le dindon pour empêcher qu'il ne cassât les œufs avec ses grosses pattes. La pauvre bête parut si triste qu'on lui permit de retourner près de sa compagne. Aussitôt rentré, il se plaça contre la dinde, attira sous lui une partie des œufs et se mit à les couver soigneusement. La fille qui surveillait les volailles n'approuva pas cette attention conjugale et replaça les œufs sous la dinde; mais le dindon obstiné en reprit plusieurs à sa charge, comme il l'avait déjà fait.

Le fermier, voyant cette persistance, laissa le dindon faire à sa volonté. Il disposa même un nid avec autant d'œufs que le large corps de l'oiseau en pouvait couvrir. Le dindon parut enchanté de cette marque de confiance, se plaça sur les œufs et se montra si attentif à ses devoirs qu'il prenait à peine le temps de manger. Le moment de l'éclosion venu, vingt-huit petits dindonneaux percèrent leur coque et commencèrent à courir autour de celui qui les avait couvés. On les lui enleva, dans la crainte qu'il ne les négligeât. Cette nouvelle défiance le rendit furieux, et il manifesta sa colère en étalant sa queue en éventail et en gloussant si fort que les caroncules de sa gorge devenaient bleues et rouges comme du sang. Le fermier abandonna alors l'animal à son instinct naturel et n'eut pas à se plaindre de cette mesure, car le dindon se montra aussi bon père qu'il avait été bon époux.

PIERRETTE ET SA FAMILLE

Les moineaux déchiraient et mangeaient les plus jolies fleurs qu'une dame cultivait sur une petite terrasse dans la rue de la Ville-l'Évêque à Paris. Comme cette dame ne voulait ni voir ses fleurs déchiquetées ni renvoyer les petits voleurs, elle eut l'idée de placer sur la terrasse autant de graines et de miettes de pain qu'ils pouvaient en manger. Elle espérait, par ce moyen, faire d'une pierre deux coups.

Les oiseaux avaient l'air joyeux de cette nourriture qu'ils trouvaient toute préparée sans se donner la peine de la chercher. Ils venaient manger plusieurs fois par jour. Bientôt ils s'apprivoisèrent assez pour oser entrer dans la salle à manger dont la croisée donnait sur la terrasse. Là ils becquetaient sur le tapis et sur la table tout à leur aise.

Un jour qu'ils mangeaient sur la table, la dame remarqua que parmi ses chers petits pensionnaires il y en avait un dont la patte traînait, et qui sautait à cloche-pied. Elle le prit dans sa main et s'aperçut que sa patte était cassée.

Aidée de sa bonne, elle pansa la patte, puis plaça le malade dans un nid qui se trouvait dans le coin d'une cage. Pendant l'opération, l'oiseau resta tranquille, comme s'il eût eu la plus grande confiance en ses amies. Aussitôt qu'il se trouva dans le nid, il but un peu d'eau, et puis s'endormit.

Pendant son séjour dans la cage, les visites de ses amis du dehors ne lui manquèrent pas. On venait par bandes du matin au soir pour égayer le pauvre captif. La patte fut promptement guérie. Alors l'oiseau s'envola tous les jours, mais il revint coucher dans la cage pendant une semaine.

Au bout de quelque temps la dame lisait un matin près de la croisée ouverte, quand elle vit entrer, à tire-d'aile, son malade avec un jeune oiseau qu'il portait sur son dos.

— Sans doute elle est mère et désire me faire voir un de ses enfants, pensa-t-elle. Dans ce cas appelons-la : Pierrette.

Pierrette déposa le petit sur le tapis et s'en alla chercher un autre. Elle transporta ainsi de suite toute sa couvée. Après avoir rangé sur une ligne les cinq petits, elle grimpa sur la robe de la dame, et par ses petits cris plaintifs, par ses allures gen-

tilles et tendres, elle sembla l'inviter à regarder sa
famille.

Une fois les petits en état de prendre du large,
leur bonne mère les mena sur la terrasse manger
avec elle; mais pas un d'eux n'eût commencé à becqueter sans que Pierrette eût été là.

Souvent les oiselets les plus jeunes se dispu-
taient une miette de pain ou une goutte de rosée
qui se balançait au bout d'une feuille de lierre.
Dans ce cas, Pierrette essayait de les calmer par
de bons conseils; mais, si cela ne suffisait pas pour
ramener la paix, leur père, Pierrot, venait séparer
les petits combattants au moyen de coups de bec
plus ou moins bien appliqués.

Le souper fini, les enfants s'en allaient le soir
chez leur père, dans leur nid. Quant à Pierrette,
elle aimait mieux se coucher sur le coin d'une
glace placée dans la salle à manger.

Pendant six ans, elle arriva tous les soirs à
quatre heures en hiver, à six heures en été. Elle
soupait sur la terrasse, et, si par hasard la croisée
était fermée, elle donnait un coup de bec sur le

carreau pour s'annoncer. Aussitôt la fenêtre ouverte, elle volait tout droit à son petit coin, où elle se nichait jusqu'au lendemain matin.

L'AIGLE ET LE FERMIER

Un fermier, qui sortait assez souvent armé de son fusil, rencontra un jour un nid d'aigles. Depuis longtemps sa femme désirait avoir un aigle enchaîné dans la basse-cour, et le fermier pensa que le moment était arrivé de la contenter.

Pour forcer l'oiseau à sortir de son nid afin de pouvoir le viser, le blesser légèrement et puis le mettre dans son sac, il fit du bruit en battant ses mains et en jetant des pierres çà et là. Mais il n'y avait dans le nid que deux aiglons; c'est ainsi qu'on appelle les petits aigles. Le fermier, en voyant les deux jeunes têtes paraître au bord du nid, se dit :

— Quelle joie inespérée ! Deux aiglons valent au

Le fermier jette sa casquette à l'aigle qui vole au bas du ravin.

moins un aigle, et ils seront plus faciles à prendre.

Aussitôt il ôte ses souliers pour ne pas glisser et se met à grimper sur les rochers très escarpés, avec l'espoir de parvenir bientôt au but. Mais quelquefois le danger nous atteint au moment où nous y pensons le moins.

Avant qu'il eût fait la moitié du chemin, un petit point se montra dans le ciel. Peu à peu il grossit, et voilà la mère des aiglons qui revient avec du gibier dans ses serres pour le déjeuner de ses enfants. Dès qu'elle aperçoit le chasseur, elle tombe sur lui comme l'éclair en poussant des cris aigus et effrayants.

Celui-ci, heureusement inspiré, ôte sa casquette et la jette vers l'aigle, qui vole au bas du ravin pour l'attraper, puis remonte afin d'attaquer de nouveau le ravisseur. Mais le fermier vise l'oiseau au cœur et le tue.

LE PERROQUET

On ne peut trop admirer le plumage des oiseaux envoyés des pays chauds aux jardins d'acclimatation d'Europe. Parmi ces oiseaux, les plus voyants sont les perruches et les perroquets aux plumes vertes, bleues, jaunes et rouge feu; les plus élégants, les loris et les lorikeets; les plus mignons, les petits oiseaux-mouches éclatants d'azur et de pourpre; enfin les jolis colibris à la robe verte chatoyante, qui leur a valu le nom d'émeraudes du Brésil.

Tous ces oiseaux aiment les fruits mûrs, les graines et le miel. Chez quelques-uns des plus petits, la pointe de la langue est pourvue de tubes avec lesquels l'animal pompe le miel qui se trouve au fond des fleurs.

C'est le perroquet gris de la Guinée ou du Congo qui parle le mieux. Sa robe est d'une teinte cendrée claire, et la queue d'un vif écarlate. Il témoigne de l'affection pour ceux qui sont bons pour lui, mais il est vindicatif quand on le maltraite.

Pour apprendre à parler à un perroquet, on doit lui enseigner sa leçon le soir. On commence par lui donner à manger du pain blanc imbibé de vin. Puis on couvre la cage afin d'en exclure la lumière, et on lui répète la phrase qu'il doit imiter.

Un perroquet renfermé dans une cage a l'air plus ou moins triste. Même quand il grimpe, c'est d'une manière insouciante; mais dans sa forêt natale, réchauffé par le soleil ardent des tropiques, il est vif et animé du matin jusqu'au soir. Il grimpe le long des arbres fruitiers, se balance de branche en branche au milieu d'autres perroquets vivaces et folâtres comme lui. Il descend rarement à terre, car il ne sait pas marcher comme les poules, ni sautiller comme les moineaux. Ses pattes sont construites plutôt pour grimper que pour courir.

*
* *

Deux beaux perroquets, Coco et Cocotte, vivaient ensemble dans une cage. Leur maîtresse les admirait beaucoup et faisait tout son possible pour les rendre heureux.

La pauvre Cocotte tomba malade. Ses pattes enflèrent. Elle avait la goutte et ne pouvait tenir une noix ou un grain de raisin. Plus tard il lui fallut renoncer à se percher, car elle n'avait plus la force de grimper sur son bâton. De jour en jour elle devenait plus malade et restait accroupie au fond de la cage. Le bon Coco lui apportait de la nourriture dans son bec avec une tendresse touchante. Sa mine attristée exprimait son désir de soulager sa chère compagne.

La maîtresse pria son médecin de visiter la petite malade. Il n'eut pas grand espoir de lui être utile, mais il lui fit avaler de la tisane, et il enveloppa ses pattes dans du coton. Au bout de quelque temps ses pattes commencèrent à désenfler. Elle mangeait un peu de pain dans du vin sucré. Elle devint convalescente.

Il nous serait difficile de décrire la joie de Coco quand la santé de Cocotte fut rétablie. Ses yeux exprimaient le bonheur qu'il éprouvait. De son côté, la petite Cocotte n'oublia jamais les tendresses du bon Coco.

LES POULES ET LE CHIEN

Dans la basse-cour d'une maison de campagne, à l'heure où l'on apportait au chien de garde sa nourriture, les poules ne manquaient jamais de s'assembler et de l'entourer pour le voir manger.

Quelquefois même elles prenaient la liberté de becqueter dans sa gamelle, si le dîner était à leur goût, ce qui arrivait assez souvent. Le chien avait un bon caractère et leur permettait de partager ses repas sans la moindre opposition. Mais, voyant cependant que le nombre des poules augmentait chaque jour, il trouva à la fin cette foule un peu gênante, et, pour exprimer son désir qu'on le laissât seul, il éleva sa voix en regardant la gent volatile d'un air mécontent, et, de plus, montra ses grosses dents.

Les poules comprirent parfaitement ce langage.

Pendant quelques jours elles se retirèrent modestement dans un coin éloigné aussitôt que le chien se mettait à table. Mais cela ne dura pas longtemps. Elles ne purent résister à la curiosité d'aller voir ce qu'il mangeait. Elles n'avaient pas l'intention de becqueter, mais l'odeur de la pâtée était si bonne qu'elles cédèrent à la tentation de goûter quelques miettes. Tant d'audace rendit le chien furieux. Il saisit la gamelle entre ses dents et la transporta dans son chenil, où il termina son diner tranquillement.

*
* *

Il n'est pas rare de voir un chien permettre à un chat de manger avec lui au même plat. Quelquefois il y a même des chiens qui laissent prendre cette liberté à de petites souris.

On a vu aussi un chat prendre en affection une grenouille, qui le suivait chaque soir à la cuisine. Elle se posait sur les pattes du chat quand il était endormi devant la cheminée et tous deux passaient ainsi la nuit dans un profond sommeil.

Il saisit la gamelle entre ses dents et la transporta dans son chenil.

LE RENARD APPRIVOISÉ

Au nord de l'Angleterre, un médecin anglais possédait un renard qui avait tout à fait renoncé à la vie des forêts. L'animal était parfaitement apprivoisé. Il connaissait la voix de son maître et lui obéissait comme un chien intelligent. On lui donna le nom de Brisk, à cause de la vivacité avec laquelle il accourait quand on l'appelait. Son maître l'avait habitué à dîner tous les jours en société d'un chien et d'une poule. Les trois convives mangeaient paisiblement dans la même assiette, et jamais la moindre dispute ne s'éleva entre eux.

Brisk jouissait d'une parfaite liberté dans la maison. Il en profitait pour s'échapper de temps en temps et rôder aux alentours; mais ils revenait toujours au domicile après une absence plus ou moins longue.

Le seul malheur était que, dans ses petits voyages, le renard, revenant à ses goûts primitifs, faisait une guerre désastreuse aux basses-cours et aux lapins du voisinage. Son maître payait avec plaisir les dégâts commis par son élève favori.

Mais il arriva, un jour, que le renard s'introduisit furtivement chez un gentilhomme d'un caractère un peu violent; celui-ci ignorant les bonnes qualités de l'animal qui, pourtant, en portait certificat inscrit sur son collier de cuivre, prit un fusil et le tua.

LES HIRONDELLES DE MER

Il existe en Laponie un grand lac très riche en poissons. Pendant l'été, des pêcheurs Japons établissent leurs huttes sur une petite île au milieu du lac et amarrent leurs canots près du rivage.

Tous les jours, aux premiers rayons du soleil, les hirondelles de mer s'élèvent dans les airs au-dessus des huttes, et, par leurs cris, avertissent les pêcheurs qu'il est temps de se lever et de commencer à travailler. Les pêcheurs savent bien que leurs petites amies emplumées ont raison et s'empressent de suivre leur conseil.

Les canots détachés, les oiseaux, comme des guides, prennent le devant et les rameurs suivent leurs mouvements. Lorsque les hirondelles s'arrêtent et poussent des cris aigus en rasant la surface de l'eau, on peut être assuré que là on trouvera des poissons en abondance. Les pêcheurs jettent leurs filets et ne manquent jamais de les tirer remplis.

Ces bonnes hirondelles reçoivent toujours leur récompense. De temps en temps on leur lance des poissons en l'air et elles les attrapent au vol. Elles viennent ensuite dans les canots, où elles aident les pêcheurs à désemplir leurs filets.

Ceux-ci, précédés encore de leurs guides fidèles, retournent le soir au rivage qu'ils avaient quitté au point du jour. Les jolis petits oiseaux, agiles et empressés, achèvent de nettoyer les canots en mangeant les poissons oubliés par les marins.

LE CORBEAU ET SON MAITRE

Avec beaucoup de patience, un Anglais avait réussi à apprivoiser un jeune corbeau. Au bout de quelques années, son oiseau, qu'il appelait *Kraô*, disparut subitement. On crut qu'il avait succombé sous les coups d'un chasseur.

Un an s'était écoulé, quand l'Anglais fit une promenade dans les champs, aux alentours de sa maison. Tout à coup il lui sembla entendre le bruit des ailes d'un oiseau, et voilà qu'un corbeau descend et se perche sur son épaule!

— C'est Kraô, mon ancien protégé! se dit-il. Quel plaisir de l'avoir encore chez moi!

Le corbeau parut enchanté de revoir son maître, dont il caressa la figure affectueusement. Mais

Voilà qu'un corbeau se perche sur son épaule.

il avait pris le goût de la liberté et ne voulut pas
se laisser prendre. Au bout de quelques minutes,
il leva la tête, regarda ses camarades dans les airs
et s'envola pour les rejoindre. Depuis ce jour, il ne
revint plus.

*
* *

Les corbeaux et leurs cousines les pies sont ac-
cusés d'aimer à voler et à cacher des objets bril-
lants, dont ils ne font aucun usage.

Dans une maison à quatre étages, à Paris, les
locataires se plaignaient souvent au propriétaire
d'avoir perdu différents objets d'une manière inex-
plicable. La dame du premier disait que, travaillant dans son salon, près de la croisée ouverte, elle
dut aller dans une chambre voisine pour parler à
quelqu'un, et, qu'à son retour, son dé d'or avait
disparu. D'autres dames prétendaient avoir perdu
des broches, des pièces de monnaie et des boucles
d'oreilles.

— Mesdames, leur répondit le propriétaire, je
serais charmé de vous être utile, mais que voulez-

vous que je fasse? Moi, je n'ai rien perdu, et j'espère que les objets dont vous parlez ne sont qu'égarés.

Une semaine plus tard, en entrant chez lui, au troisième; le propriétaire s'aperçut qu'une petite statuette qui ornait sa salle à manger lui manquait.

Pendant qu'il est à la recherche, il entend tomber un objet dans la cour. Il regarde et voit un corbeau, tenant dans son bec un objet brillant, se diriger vers le toit.

Aussitôt il monte sur le faîte de sa maison, et là, dans la gouttière, il trouve une foule de choses, ainsi que le filet doré qui couvrait sa statuette, que le corbeau venait d'y déposer.

De pareilles découvertes ne sont pas rares. Qui de vous, mes petits amis, n'a pas lu l'histoire de la pie voleuse?

LE CORBEAU

QUI DÉCOUVRIT L'ISLANDE

En l'an 864, le Danois Rabua Floki entreprit un grand voyage maritime au nord de l'Europe, à travers des parages inconnus, où il espérait trouver des terres nouvelles pour s'établir avec les siens.

Dans ce temps-là, on n'avait pas de boussole. Après bien des jours de navigation, dans la direction du Nord, Rabua Floki, qui avait emmené avec lui trois corbeaux, renommés pour leur intelligence, en lâcha un. L'oiseau s'éleva au-dessus du navire, vola vers le Nord, disparut, puis revint l'air lassé : il semblait dire qu'il n'espérait pas pouvoir atteindre, en volant, une terre où se poser.

Quelques jours s'étant passés encore à naviguer toujours au Nord, Rabua Floki lâcha son second corbeau : celui-ci prit son vol vers le septentrion, et revint aussi; pourtant il ne se décida que lentement à se poser sur le navire, comme s'il se consultait pour repartir.

Enfin, le navigateur lâcha son troisième corbeau : celui-ci disparut délibérément, et ne revint pas. Ce fut en suivant sa direction que, peu après, Rabua Floki débarqua sans difficulté sur la terre d'Islande, et en prit possession pour toujours, au nom de la vaillante race danoise.

HISTOIRE D'UN CHIEN

D'UN SHILLING ET D'UNE CULOTTE

Deux Anglais faisaient une promenade à cheval, et un chien, auquel on avait donné le nom de Néro, les suivait.

— Moi, j'ai tant de confiance dans la sagacité de Néro, dit son maître, que si je lui indiquais un objet que j'aurais perdu, je suis persuadé qu'il le retrouverait.

Néro saisit la culotte, saute par la croisée et retourne
chez son maître.

— Impossible, lui répond son ami. Cela serait par trop extraordinaire.

Pour convaincre son ami, le maître de Néro tira de sa poche un shilling, le marqua avec son canif et le montra au chien. Ensuite il glissa le shilling sous une grosse pierre qui se trouvait au bord du chemin.

Les cavaliers et le chien avaient déjà fait trois lieues, quand Néro, sur les ordres de son maître, rebroussa chemin au grand galop.

Les cavaliers arrivèrent à la maison et attendirent jusqu'à minuit le retour de Néro. Il ne revenait pas.

— Cela m'étonne beaucoup, dit son maître.

— C'est tout naturel, répondit l'ami incrédule.

Le lendemain, on apprit d'un voyageur que Néro avait trouvé la pierre trop lourde pour sa force, et qu'il était resté près d'elle. Vers le soir, deux hommes à cheval s'approchèrent, et le chien se mit à grogner. Ce grognement fixa l'attention de ces hommes. Ils regardèrent le chien, qui ne quitta pas sa place. Ils levèrent la pierre sans rien trouver. Cependant l'un d'eux avait vu le shilling et le mit dans sa poche, ne pensant pas que le chien le surveillait d'un œil attentif.

Néro suit les deux hommes jusqu'à leur arrivée dans une ville assez éloignée, les accompagne à leur auberge et se place sous la table de la salle à manger pendant le souper. Il suit également la bonne qui monte l'escalier pour arranger leur chambre à coucher, où il se cache sous un des deux lits. La bonne, supposant que ce chien appartient aux voyageurs, le laisse tranquille. A cause de la chaleur, elle ne ferme pas la croisée.

Plus tard, les deux hommes se couchent. Celui qui avait mis le shilling dans sa poche, pend son pantalon à un clou près de son lit. Aussitôt qu'ils sont endormis, Néro sort de son embuscade, saisit le pantalon dans sa gueule et saute par la croisée.

A quatre heures du matin, affamé et épuisé de fatigue, le pauvre chien arrivait avec sa proie chez son maître qui l'attendait toujours.

Il rapportait le shilling et la culotte.

Le chamois, désespéré, fait un pont de son corps, et le petit, leste comme un chat, saute sur le dos de son père.

LE CHAMOIS ET SES PETITS

Un chasseur vit un chamois accroupi dans un trou près du sommet d'une roche escarpée. A côté de ce trou, deux jolis petits chamois bondissaient et jouaient, pendant que leur père regardait tout autour, afin de s'assurer qu'aucun danger ne les menaçait.

Pour se tenir en place, le chasseur se cramponnait au rocher avec les mains; mais dès qu'il vit ces petites bêtes, il se décida à s'avancer vers elles avec précaution.

— Comme leurs allures sont charmantes! se dit-il. Je voudrais bien attraper le plus jeune et l'emporter dans ma gibecière à mes enfants.

Lorsque le vieux chamois aperçut le chasseur, il devint furieux. Les yeux menaçants, il l'attaqua avec ses cornes, et il essaya de le précipiter au bas du ravin. Le chasseur, avec ses pieds, poussa l'animal loin de lui et grimpa toujours vers les petits.

Le pauvre chamois courut à ses enfants pour leur montrer qu'ils pouvaient se sauver en sautant de l'autre côté du ravin; mais il n'y eut que l'aîné en état de suivre ses conseils. Le plus jeune hésita. L'idée de faire un pareil saut l'effraya. Déjà le chasseur est tout près de lui.

Alors le chamois, désespéré, fait un pont de son corps, en posant ses pieds de devant sur le bord opposé du précipice. Il tourne sa tête vers le petit, qui a assez d'intelligence pour deviner ce qu'il doit faire. Leste comme un chat, il saute sur le dos allongé de son père et arrive promptement de l'autre côté, où l'heureuse famille se trouve à l'abri de tout danger.

TABLE DES MATIÈRES

Saint-Denis. — Imp. Alcide Picard et Kaan. — U. P.